民國園藝史料匯編 10

第2輯

《民國園藝史料匯編》編委會 編

江蘇人民出版社

第十册

園藝學

劉大紳 編

商務印書館
民國二十三年

初級農業學校教科書

園藝學

劉大紳編
龔厥民增訂

商務印書館發行

農業學校初級用教科書

園藝學

編輯大意

(一)本書編纂宗旨。在供初級農業學校及農村師範學校之用。

(一)本書共分爲十七章。每章更各自分節。詳述各種園蔬果卉栽培之宜忌。書末復視所述事之繁簡。別附一表。舉全書綱領及略而未詳者悉納之於中。意在使學者一覽了然而得實用之效。

(一)本書於所述各植物品種。除本國所產者外。他國之產。則舉其優良而可移種我國者。否則概不列入。意在使學者詳知他國佳種。俾可取人之長。以宏我國藝事業。

(一)本書於所述他國植物品種名稱。苟原語有一義可取者。亦必譯其義。假若背乎譯音通例。然爲記憶計。實此便於彼。且每一譯名之下。皆有原語附注。

可以覆按。不患訛誤。

(一)本書於節候時令。悉以陽歷約略定之。雖每年氣候遲早不同。南北互異。然準此以求。相差亦不過遠也。

(一)本書於園藝大綱。粗已完備。至其詳細節目及各地特別情狀。則願教者本此發揮之。勿爲本書所拘幸甚。

農業學校初級用教科書

園藝學

目次

附錄

級用教科書 園藝學

第一編 緒論

第一章 園藝作物

農家栽培之作物。除普通農作物供主要食品外。往往經營副食品用或觀賞用之作物。是曰園藝。稱其作物為園藝作物。園藝作物可分蔬菜、果樹、花卉三部。其栽培技術。[illegible]普通作物不同。[illegible]收肥培之效。[illegible]品種之選擇。防病蟲之侵襲。類皆事繁而術專。功倍而利多。故粗放農業。僅栽培普通農作物。而集約農業。始營園藝。

古者園藝之利用。僅以果蔬佐食花卉娛目耳。今則人智日進。嗜好益奢。園藝作物不但味異評珍。逐倍徒之利。亦加溫催熟。享不時之品。復製新種以供取求。於是園藝之術。亦因此而日益複雜矣。

雖然。園藝作物。隨其發育狀態。常生變異。加以人工培養。乃成新種。吾人今日所利用之果蔬花卉。最初無一非野生植物。因人工而變爲良種。嗜好愈進。利用愈多。故園藝之術。不可不研究也。

第二編 蔬菜栽培法

第一章 蔬菜

白菜、甘藍、蘿蔔、蕪菁、葱韭、瓜、茄等。以其根莖葉實供日常食用。而因以特別栽培者。皆蔬菜也。蔬菜種類極多。栽培法亦各異。其種類就需要部分區別之爲葉菜根菜果菜三大類。

葉菜類取葉供食之蔬菜皆屬之。其物如白菜甘藍、菠菜、萵苣、芹菜、芥菜、葱韭之類皆是。

根菜類取根或地下莖供食之蔬菜皆屬之。其物如蘿蔔、蕪菁、胡蘿蔔、甘藷、山藥、馬鈴薯、百合、薑之類皆是。

果菜類取果實供食之蔬菜皆屬之。其物如西瓜、甜瓜、黄瓜、冬瓜、南瓜、絲瓜、瓠子、茄子、番椒之類皆是。

第二章 苗牀

蔬菜之類。其播種或在本圃。或在苗牀。視種類與地方而異。然自通例觀之。則先播苗牀。俟成苗而後移栽者。殆居大多數。是固由本圃氣候不易適宜。而作物有因種類本需移栽者。欲鑒別苗之良劣。以得佳種。亦一主要原因也。

蔬菜類先播苗牀成苗後方移栽之。其利有四。一、種子細小者。其播布之疏密深淺。得以勻整適宜。二、苗生之後。保護易周。三、節氣未宜之時。可以非時種植。四、須地無幾。可以利用剩地更作他業。

苗牀構造方法。種種不同。而中外之制亦異。就其應用上別之。約分爲冷牀溫牀二大類。冷牀利用外溫。勞費省而發芽遲。溫牀則以人力使之生熱。勞費雖大。收功勝於冷牀。蓋溫牀則可以隨宜應用。故花卉珍蔬。其值較昂者。多用溫牀。尋常之物。則用冷牀。

冷牀構造法與尋常圃地無大異。惟面積狹小。上施棚架。以便用物掩覆。或於四周兼設屏障而已。掩覆物。用蘆簾紙窗。以時而異。四周屏障。則薄板、草席、蘆簾之類皆可。爲之牀內之土愼重耕鋤。施以肥料。其上更薄覆沃土。然後分之爲畦。所選地宜當陽而少寒風。向北一面尤宜留意。兼設避風之具。

冷牀溫度。純係利用外溫。即天然之熱。故地必當陽而少寒風。所用掩覆物。必使易啓閉而後於天氣適當之候。易使受熱。較寒之候。易使保熱不散。至牀之長闊。當以五六尺三四尺爲限。距離當以尺許爲限。然後管理方便。

冷牀甲

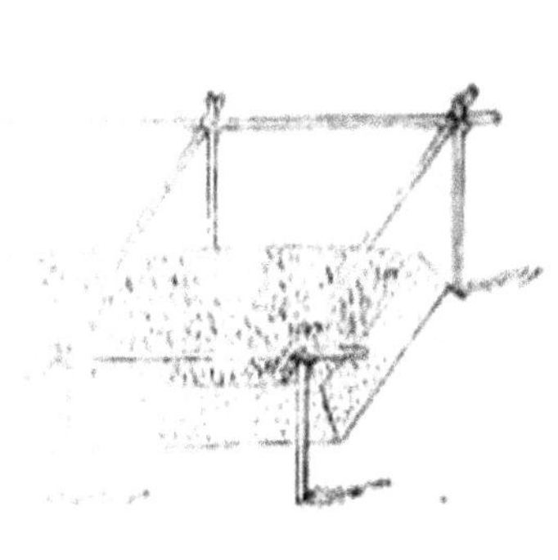

冷牀乙

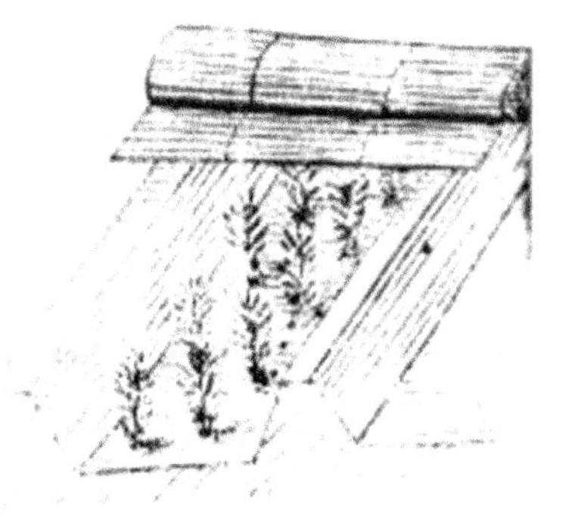

冷牀丙

冷牀之掩覆物。固以保溫爲主。亦用以遮蔽日光。以日光强烈時。亦不宜令作物直接受之也。大致梅雨至秋分時。白晝宜用掩覆物。夜則去之。使作物得飽受淸涼空氣水分。於此時期內。若逢晦日微雨之天。白晝亦可去之。過此以往。夜寒於晝。漸有霜害時。則反之。

溫牀構造法　各國不同。繁簡互殊。而其最簡便易行收效又大者。則爲折衷東西構造之溫牀。其構造大概。先選向南燥地。北面有屏障者。掘下一二尺。作長方形。沿邊樹木框。框高北面約八九寸。南面約四五寸。東西兩側。隨南北之高作斜形。框口作槽及架。裝設玻窗紙窗等。然後於中堆積生熱物。如稾草、落葉、廏肥、馬糞、米糠之類概可用。堆積之法。或分層、或混和、均可。堆厚八九寸至一二尺不等。堆已。微灌水使發酵生熱。再加肥土四五寸。肥土須預和有機肥料。腐熟篩細者方佳。

溫牀之構造。頗有種種。大旨則均與此同。間有以玻璃代緣繞之板及掩覆物。

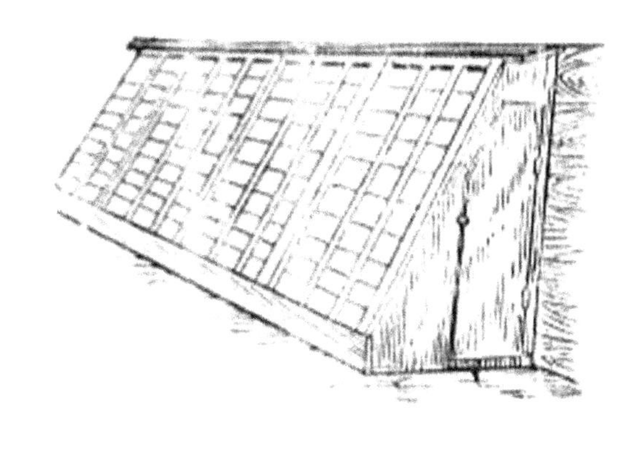

溫牀之種種

或設冷熱水管。以調勻溫度者。然所費極鉅。而亦不易仿行。故普通均用上法。其生熱物配合法。通用者約有四種如左。

一、馬糞、蓐草二分。木葉一分。拌勻加濕。積厚七八寸。溫最高。

二、木葉積厚四五寸。上加馬糞、蓐草。厚三四寸。溫次之。

三、稻草、枯草。積厚五六寸。上加馬糞、蓐草或糠籽厚一二寸。再置草覆土。溫又次之。

四、乾草濕透。積厚數寸。覆土。溫最低。

苗牀無論冷溫。水並均須極使滲漉時所用水。尤宜留意。不然、水寒能減牀溫。傷害幼苗也。有時須用溫水者。預於晨起汲水置牀側。至黃昏用之。則水受日光。其溫度亦可較高。

溫牀有時若不能得適宜燥地。則較濕之地。亦可爲之。惟牀之高於地面。須倍之。使得收洩水之效。牀之近地者。以稾草圍之。草上再條以木板。如此既不阻水。又可保濕。

管理苗牀。宜注意者。約有五端。一溫牀溫度。常須保持勻定不變。二播種須溫牀內溫度定後。三、灌水宜於晨。水宜微溫。日沒後不宜灌水。四、啓閉掩覆物宜以時。注意調劑空氣溫度炭酸氣水蒸氣等。五、留意日光強弱。勿令牀中有暴寒暴暖之弊。

苗牀造成。種子既播。則須時時檢其溫度濕度。務使勻齊。若有溫度高低燥濕不勻等弊。即不能得佳苗。苗既生後。尤宜勤加省視。疎苗除草。以時爲之。空氣日光。相所需而加減。勿過施肥料。則病菌害蟲。庶可不生。初播種時。牀面之上。不可耕鋤太深。深則根深入而移植不易。播後覆土。不可太厚。太厚則種子轉不能萌茁。

第三章　葉菜類

葉菜類栽培之地。大都需向陽而鬆軟。耕墾需熟。而不宜太深。肥料需三要質完備。尤多嗜氮質肥料。中耕除草宜勤。補肥因時而施。收穫適時。如是則所得之物。必能保其種固有之特長而異於隨意栽培者。

第一節　白菜

白菜、一名菘。我國最主要之菜蔬也。栽培之廣。需要之多。首推是物。其品種較著者。曰黃芽菜、白菜、瓢兒菜等。

栽培法　以條播本圃爲常例。播種時可春可秋。亦可隨時種植。蓋是物易生。但能栽培適宜。所需溫度水分不缺。無時不可成長。整理本圃法。深耕細耨而後作畦。畦距尺許或二三尺。肥料須過量施與。每畝以堆肥一千斤。油粕二十斤。人糞尿三百五十斤。木灰四十斤作基肥。乃播種子。成苗後。相時疎行。株距五

六寸至尺許。另用人糞尿一千斤。分三四次作補肥。中耕除草。適時行之。其菜葉柔軟者。最易受病蟲害。宜努力預防。迨作球者。并需縛其葉端。俾不致離披。生育期間。

三四個月。每畝收量三千斤左右。收穫後之田圃。殘肥尚多。可利用之以栽他物。疾病有斑葉、腐敗、根瘤、三種。預防之法。首在驅除害蟲。以杜傳染。其已生者。拔而燒棄之。更灑石灰於其地。未發病前。能撒以藥劑尤效。害蟲有蚜蟲、螟蛉、地蠶、金針蟲、地蠶、蜒蚰、之類。驅除之法。捕殺幼蟲。或用石油乳劑撒之便可。

第二節　甘藍

甘藍本西方種。傳入我國已甚久。今北地以爲常蔬。南方諸地近年始盛興之。其品種有球葉、球莖、球花、綠葉四大類。球葉甘藍其葉抱合如球。更分爲尋常甘藍(一名椰菜)抱子甘藍 Brussels sprouts 二種。球莖甘藍其地上莖龐大成球形。狀頗似蕪菁。球花甘藍 Cauliflower 一名花椰菜。花蕾相集如球。葉四面紛披。綠葉甘藍惟其葉可食。品劣於前數種。然性能耐寒。雖極冷之地亦可生。

栽培法　先播冷牀。後移本圃。氣候不宜溫暖。土需砂質壤土。播種期春、夏、秋、三季皆可。惟常例則在春、秋。種子成苗後。整理本圃。即行移植。畦幅視品種而異。大致則二三尺左右。肥料與白菜相仿。補肥分三回施用。移栽後。肥料與水。尤不可缺。忌連栽。收穫時可連根拔起。於暖處掘溝密樹之。覆以稻草。或以稻草紮其葉端。防葉之散亂。另以繩繫其根。倒懸蔭所。均能久藏不腐。每畝可收三四千斤左右。疾病蟲害略同白菜。

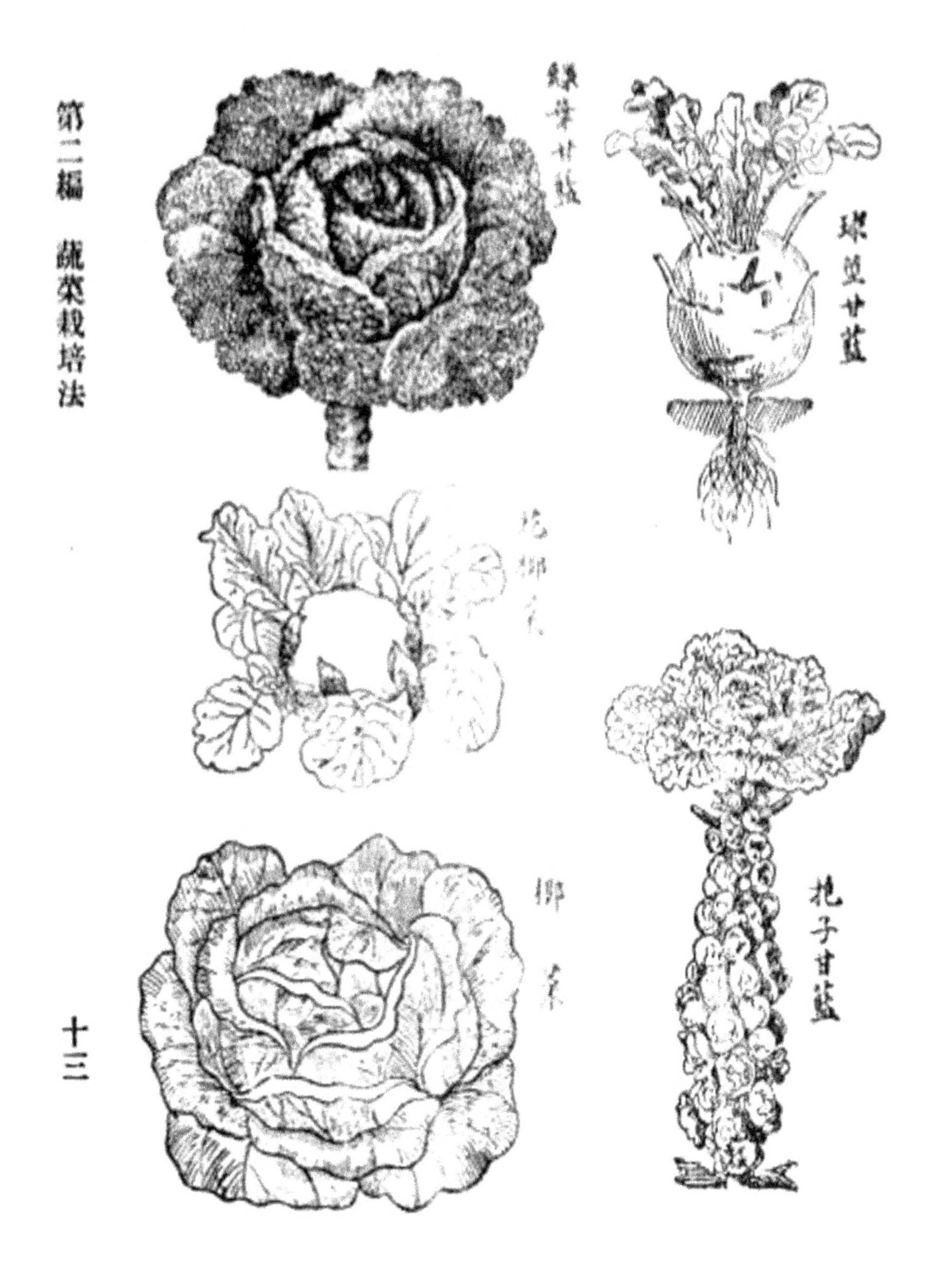
縮葉甘藍
球莖甘藍
花椰菜
椰菜
抱子甘藍

第三節　菠菜

菠菜之種。相傳自西域頗陵國傳來。故一名菠稜又名波斯草北地俗呼之爲赤根菜性耐寒好溫。耐燥畏濕。土地不沃。則不肥壯。冬生者。大江南北及蜀中所產最佳。三四月生者。北地之產最肥厚。且無筋。灼而腊之。入湯鮮綠可愛。其地日之曰萬年靑四川亦有此名。

菠菜

栽培法　菠菜種子。發芽不易。故每畝須條播種子六七升。苗生略高。更稍爲掘摘。令行列勻稱。此後時時與以肥水勿怠。播種時。春秋均可。春播宜密。秋播宜稀。整理本圃法與白菜同。惟畦距須在二尺左右。秋種冬收者。若欲留至來春。株間相距。宜在一尺內外。肥料每畝用廄肥七百二十斤。木灰三十六斤。人糞尿三百斤作基肥。另用人糞尿七百斤。分二次補施之。生育期間二三個月。每畝收量一千五百斤許。疾病少。蟲害同白菜。

第四節 萵苣

萵苣我國栽培者亦甚廣。說者謂自咼國得其種。故名。尋常亦呼之爲萵筍。或曰生菜。長莖肥白。質極柔脆。江浙之間。所產頗佳。其用略亞於白菜。品種極多。其野生者與非野生者。皆有佳種可食。其葉尖圓不一。普通別之爲直莖球莖二類。我國所見者。多爲直莖一類。歐美之產。則球莖爲多。直莖亦有數種。我國普通所栽之佳者有萵苣、白苣、甜苣、白苣。一名石苣。形似萵苣而

萵苣

色白。葉有白毛。較萵苣尤肥脆。大江南北之產皆佳。甜苣色較萵苣微紅。北地多產之。山西所生最肥。

栽培法　先種苗牀。苗長二三寸時。移入本圃。株距一尺內外。畦幅一尺五寸。亦有直播本圃者。施肥宜頻。除草宜勤。每畝以廏肥一千斤。豆餅七十斤。糞灰五十斤作基肥。以人糞尿三百六十斤作補肥。移植前本圃須細細耕耙。勻施肥料。播種期。春夏秋皆可。生育期間二三個月。故隔季收穫。每畝收量約一千斤。疾病蟲害。惟夜盜蟲及地蠶二者而已。比較上為園蔬作物中之健全者也。

第五節　芹

芹野生者多。亦有種於田圃者。種分水旱。葉俱柔軟。有芳香。堪作蔬。我國自古食之。其品種佳者。曰水芹。白芹。芹無論水旱。皆喜陰。好濕而畏熱。尤易受霜害。種之旱者。卽白芹。過濕則根莖腐敗而不生。培地需肥沃。否則白種變綠。葉瘦勁不中食。每畝可收一千五百斤。

栽培法　水芹冬季選溫暖水田注水。施人糞一千斤置之。翌春三月。掘取芹根。置通風處。此時宜注意勿令太燥。約半月許。視已發芽。乃取而寸斷之。撒水田中。初時田水宜淺。新芹生後。水隨芹高。惟常留芹尖數寸於水外。再以人糞尿千斤豆餅七十斤米糠七十斤堆積腐熟而施之。至夏季。更中耕除草一二次。仲冬上旬。即可採食。白芹圃中水足濕地而已。不可太多。多即有害。株距約八九寸。先種冷畦而後移栽者發育尤善。移栽後。畦幅二三尺內外。隨長隨加土培壅。則莖多白而柔脆。疾病少。蟲害與白菜大致相似。

第六節　芥

芥。形似白菜而葉長大。多裂缺。大江流域多種之。其葉作蔬。其子用製辛料。或以調味。或以入藥。品種極多。佳者曰白芥。芥藍。雪裏紅。春不老。大頭芥等。白芥葉色青白。爲茹甚美。莖易起而中空。最畏風雪。宜謹護之。產地之佳者首推蜀中。芥藍似常芥。而中心尤脆嫩。產閩贛者。其種最佳。雪裏紅。春不老。皆芥種之小者。色深碧可愛。雪裏紅產江南。春不老產河北。二種形極相似。殆同物而異名。大頭芥

芥

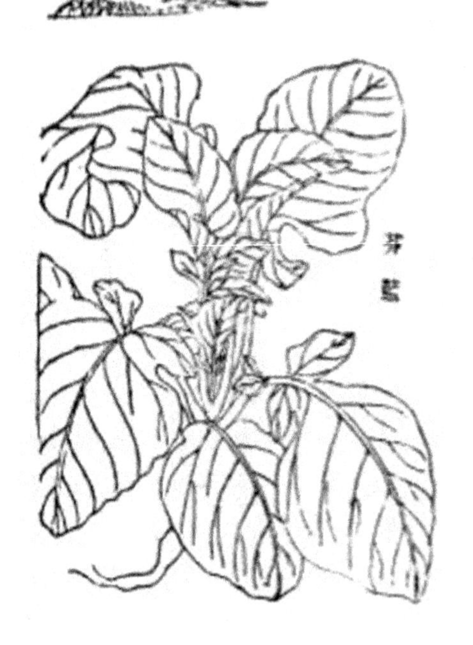

芥藍

處處有之。形似常芥而根大葉瘦。江淮之間及浙中所產爲最佳。

栽培法　先種苗床。次移本圃。圃中畦幅約二尺。株距一尺內外。或條播本圃。適宜疏行。圃地宜肥。肥則莖葉繁茂而味佳。肥料用量與白菜同。播種期。春秋冬均可。生育期間二三個月。故冬種者。翌年方可食。每畝收量約二三千斤。多供鹽醃。需用極廣。疾病少。蟲害同白菜。

第七節　葱

葱我國處處種之。或以作蔬。或以調味。隨地方而異。其品種佳者。曰大葱黃芽葱羊角葱等。大葱即尋常之葱。一名夏葱。葉色青綠。形如管。根莖色白。黃芽葱又名冬葱小葱慈葱大官葱等。形似大葱而矮小。色黃白。夏衰冬茂。莖葉尤柔嫩甘美。黃河以北及山左所產最佳。羊角葱一名龍爪葱。皮色較常葱略赤。葉尖有岐。其白嫩而肥。辛氣較少。西北產者最佳。

歐美之葱。最多食者。曰圓葱。或曰洋葱沙葱。我國甘肅一帶舊有之。沿海之省。

則自番舶通後。始見其種。近年食者漸盛。其品種大別爲紅、黃、白三類。栽培法似常葱。而地力氣候。宜較注意。否則難得佳品。

栽培法　先播冷牀。苗長七八寸時。移栽本圃。在秧畦中。宜勤爲除草疏行。注意補肥。勿令缺乏。整理本圃法。耕地作深溝。施廏肥三百六十斤。人糞三百六十斤。以上覆之。而後植苗於上。隨長隨施補肥。補肥須施三次。第一次在植苗三十日後。用米糠五十斤。木灰七十斤。人糞尿三百斤。此後每隔三十日。施以人糞尿三百六十斤者二回。再加土培壅。則莖多白而肥嫩。圃地宜肥宜熟。不宜連栽。播種期春秋皆可。自播種至收穫。需八九個月。每畝可收二三千斤。疾病有赤點及露菌二種。蟲害有螻蛄地蠶等。

第八節　韭

韭。亦我國常品。處處有之。尋常與葱、菘幷稱。食用之廣。不相上下。品種有大葉小葉二類。皆以供食。無可區別。黃韭。係常韭之壅白鬱養者。北地最多。一名韭黃。

江南產者。味惡劣。江北產者。味較佳。然終遜北地。其中有一種。初生時尖紫赤。葉微綠而黃。多白甚肥茁。風味最美。

栽培法　先播冷牀。一二月後。掘取移栽。每株相距五六寸。勤加肥料。葉白肥厚。冬月則先播溫牀。移栽暖地。再覆以馬糞等熱性肥料。以禦寒氣。來春更移之本圃。覆以薄土草木灰等。即能充分成長。整理本圃法。施肥細耕。分行作畦。畦不需高而需疎。

播種期。春秋皆可。分根栽者。無時不可移種。但得溫度水分適宜。卽能成長。疾病蟲害甚少。

第四章　根菜類

根菜類養分多貯於地下之根或莖中。刈之者。宜乘開花結實前養分未消失時。栽培之旨亦與此同。卽宜力求其地下部肥大是也。故栽地需深耕厚肥。土質輕鬆。肥料宜人糞、堆肥、糠粃、油粕、過磷酸鈣等。收穫時。幷宜預選形正而充滿者。移栽別圃。待開花結實。取作種子。今舉其主要種類栽培概要如次。

第一節　蘿蔔

蘿蔔一名萊菔。爲我國蔬菜類主要之品。最有益之食物也。處處有之。咸採根供食。食法種種不一。品種佳者。亦不可勝計。通常以顏色而別爲紅、白、紫、綠四類。根形長圓大小。隨種而異。大者或重數斤。長有至二尺外者。小者不過如雀卵。葉無論何種。咸有缺刻。有柔毛。

各種萊菔

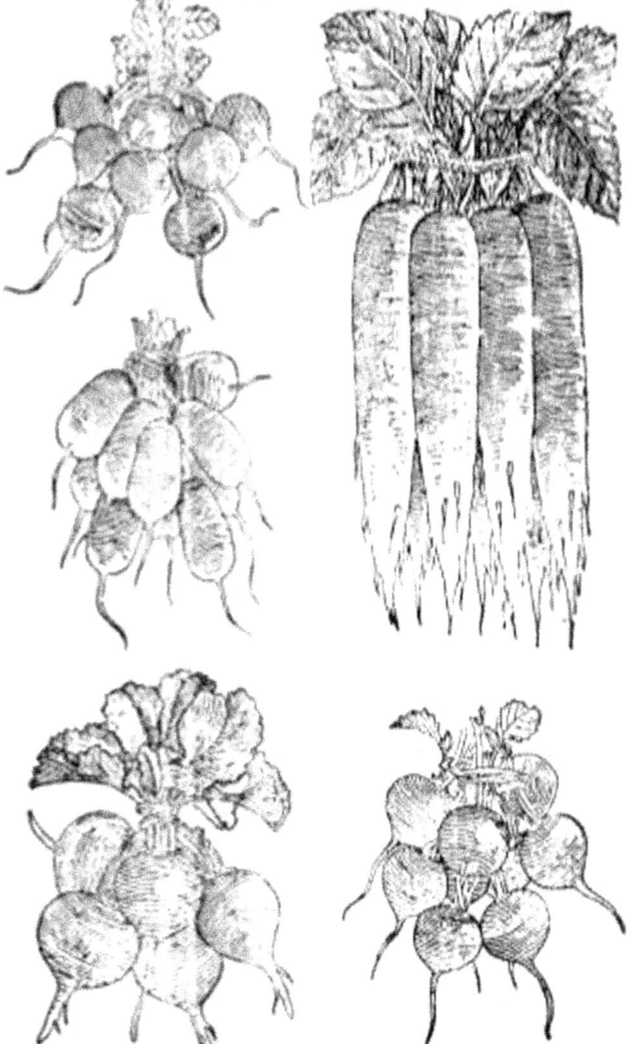

栽培法　條播本圃中。能點種尤佳。栽後薄覆以土。芽既萌蘖。則選弱者拔去。時時施以肥水。中耕除草。培土根際。再行疏行。留其壯者。每株一本。整理本圃法。深耕細耨。去砂石瓦礫務盡。每畝以廄肥七百二十斤、米糠一百斤、混合堆積六七日。用時加糞灰百斤、人糞尿二百五十斤、共作基肥。另以人糞尿七百五十斤。分三回用作補肥。作畦。不必高而務寬廣鬆潤。播種期。春秋皆可。生育期間二三個月。收量二三千斤。疾病有斑葉腐敗二種。害蟲有葉蟲蚜蟲斷根蟲青蟲黑蟲螟蛉等。在比較上。惟斑葉病及螟蛉之害爲烈。斑葉病能使枯死。螟蛉則能亙數年不絕。於一年之中。自春迄秋。皆爲其食葉時期。秋深成蛹。翌年化爲白蝶。又産卵生幼蟲爲害。預防法。斑葉病。拔病株焚之。免其傳染。螟蛉則以網捕白蝶。以石油乳劑殺幼蟲。若於其中更加除蟲菊粉少許。其效尤著。

第二節　蕪菁

蕪菁我國種植之多。不亞蘿蔔。亦名蔓菁。幷汾河朔間。賁食其根。則呼曰蕪根。蜀中呼之爲諸葛菜。南北均有之。四時可食。（春食其苗夏食其葉秋食其莖冬食其根）我國自古以之爲主要種植品。栽培之地。西北尤盛。河汾之間。種最肥大。變種之繁。亦與蘿蔔相似。隨地異名。歐美日本。種植此物亦甚多。其種大別爲圓錐形根、卵形根、圓形根、

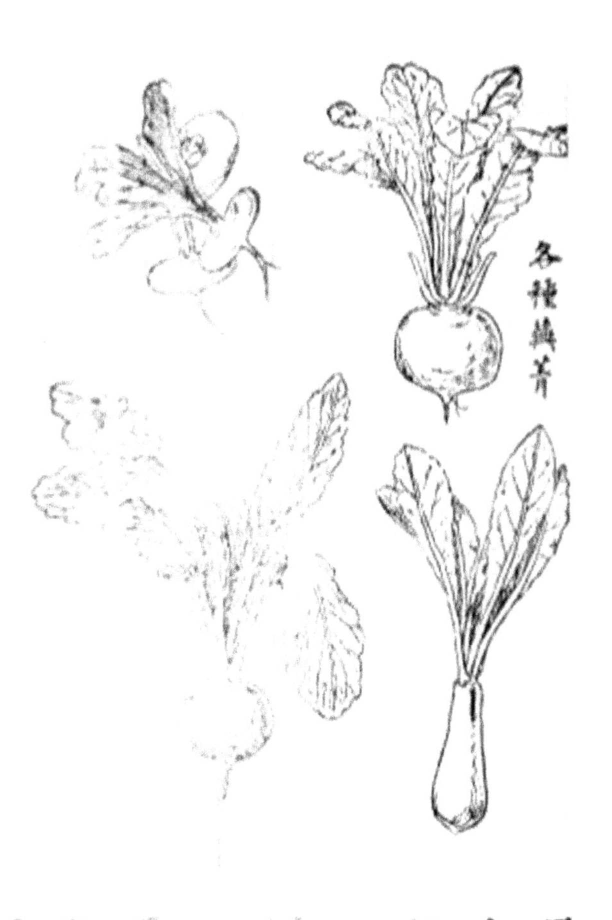

平頂根四大類顏色則更有白、黃、灰、棕、黑五色之別。總其異名。約有五十餘云。

栽培法　與蘿蔔大致相同。肥料與蘿蔔相仿。但鉀分[illegible]斤便可整理[illegible]要者[illegible]肆。[illegible]播種期[illegible]月至八九月。隨時皆可。而春秋尤爲常例。種之大者。宜點種。每株相去約一尺五六。小者條播可矣。疎行時。令每株相去五六寸至一尺。自播種後五十日至百日。卽可採收。收量三千斤左右。疾病害蟲。略同蘿蔔。

第三節　胡蘿蔔

胡蘿蔔種植之廣。不如蘿蔔蕪菁。而亦爲我國人常食品種之最多者。首推山東。其次則淮楚。品種有黃、赤二類。其種。相傳元時始自邊塞來中國。故名。我國種之者。多以爲雜糧之一。不甚以之作蔬也。採收種子法。於收穫時。選形狀整齊良好者。埋乾燥土內。翌春掘出。移栽畦中。畦距二三尺。株距一尺五寸。待其開花。摘出花心。惟留側花。使之十分成熟。而收其種子。

胡蘿蔔

胡蘿蔔、他國亦均產之。其種大別爲鈍根、鋭根二大類。每類之中。復判其顏色長短。加以異名。顏色除紅黃二色外。更有白、橙、紫三色及各種雜色。變種甚多。

栽培法　選深壤土地。作畦。條

播其上或點種土肥者亦可散播種時以土砂拌種子播後薄覆以土上掩槀草至夕灌水潤之。發芽後半月或二十日中。疏行二次。此後頻澆。自能肥大。若能每株相離種植。發育尤茂。此外各事。大致似蘿蔔。整理本圃法。深耕厚肥。每畝以廏肥七百斤、米糠五十斤、槀灰七十斤、人糞尿三百六十斤、作基肥。以人糞尿七百斤作補肥。分二次施與圃地必選便於泄水。而又土性鬆者。否則雖能成長碩大。而色澤風味。俱有遜色。播種期。六月至八月。播種後經二乃至七個月而採收。隨時可種。每畝可收二千至二千五百斤。疾病蟲害與蘿蔔無大異。

第四節　甘藷

甘藷我國自古有之。處處皆產。種植最盛者。爲閩粵等地。其品種統分爲紅、黃、紫、白四類。

栽培法　三月間養苗溫牀。苗長及尺。移植本圃。養苗法有二種。一分根者。於前年秋末冬初。掘取新生根藏之。翌春埋苗牀中。上覆以土。約深半寸。芽生蔓長。

栽之卽成苗。一分莖者。於前年秋末。選近根老莖。剪取七八寸爲一條。每七八條爲一束。耕地作畦。種其中。冬日再覆以草。來年春日以此爲苗。卽可種入本圃。旣移種後。量與補肥除草。且時時引蔓撓之。整理本圃法。深耕熟耨。去瓦石務盡。肥料與胡蘿蔔同量便可。在較瘠之地。多施遲效肥料者。結果最良。移種期。視苗生遲速而異。大要在四五月間爲多。秋九十月亦可種。惟根瘦小。不若春種肥大。生育期間六七個月。收量約二千斤。普通多連作。瘠地則以輪栽爲是。收穫後庋藏之法。務選極乾燥地。掘深五六尺闊二三尺之溝。敷草置之。草與薯間層排列。插竹管通氣。可久藏不腐。疾病有羽紋、黑痣二種。害蟲有葉蟲、鳥蠋等。惟爲害不烈。可以無害視之也。

第五節　山藥

山藥。一名薯蕷。處處有之。山東、江南、閩、粵之間。種植尤多。河南所產最佳。我國而外。種植此物最多之國。爲日本。其國以野生、家生爲別。謂野生者味勝於家生

者此或種類土壤之不同。若我國則野生者雖亦有佳品。然多纖維。不若家生者美。歐美諸國。亦有此物。惟不甚見之於園圃中。山藥之品種甚繁。大別之爲黃白二種。佳品則隨形異名。不可悉數。

栽培法　選色白肉豐者。切而以木灰塗斷處種之。或以果實作種。亦能生長。山藥之果實。名零餘子。俗曰山藥果。生於葉腋間。亦可食。以之作種。亦能成長。惟不如分根者速。山藥、則其地中之根。有長數尺。獨成一枝者。亦有多數成球。互相聯貫者。性俱喜溫嗜燥。以零餘子種。必二三年。根始碩大。一年亦可採食。惟瘦小味薄而已。既生蔓後。須爲作架。初生時、以蘆竹之類扶之。地必肥熟鬆軟。表土必深。然後始有佳品。整理本圃法。大致同甘藷。惟施肥需厚。栽後需頻澆。每畝以廄肥千二百斤、豆餅三十六斤、木灰七十斤作基肥。每年以人糞尿七百二十斤作補肥。分二次施之。栽種期。以二三月爲最宜。秋季採之。每畝亦得千斤左右。疾病蟲害與甘藷大略相同。

第六節　馬鈴薯

馬鈴薯原爲南美產物。其種入我國未久。說者謂明時由南洋傳來。然近年中部海濱各省栽培之種。則自海通以後。得諸閩粵日本者。栽培今雖較前略盛。然種植之地。尚不甚廣。品種頗多。大都以顏色別之。顏色有紅、黃、白三類。惟隨地異名。最佳者。歐美有**紐約種** Empire State Potato **克拉克優美種** Clark's No. 1 Potato **桃形種** Perfect Peach Blow Potato 日本則有**甲州種**云。

栽培法　取大小適中者爲種薯。約於種前一月。置溫暖地。待皮生縐而後栽之。則發育良佳。或種薯過大。不妨分切成塊。用木灰塗斷處。種薯不足時。亦可用此法發芽後頻耕畦間土使鬆軟隨長隨加土培壅抽花後留意摘去花梗免分其力。整理本圃法。深耕熟耨。作畦。畦需闊。先以廄肥千斤、過磷酸鈣三十斤、草木灰七十斤作基肥。覆以薄土。而後種之。下種期。春秋皆可。惟常例均在春三四月間種之。經三個月乃至五個月。葉呈黃色。卽已成熟。少亦千斤。多者可收二千斤以上。疾病有疫病及斑葉二種。害蟲有僞瓢蟲等。

第七節　百合

百合我國處處有之。河南江西所產最良。滇南所種尤多。其地至剪採作薪。其種有百合山丹卷丹三類。然通常則以味甘味苦爲別。或以家生野生判之。家生者爲供食常品。野生者亦可食。惟瘦小味苦。不如家生者之肥甘味美。實則百合、山丹、卷丹。確爲三物。第通常多目爲一類。其區別處。百合、葉短而闊。微似竹葉。花瓣稍卷。山丹、小於百合。葉似柳。花紅不卷。無球芽。卷丹、花紅黃。有黑斑。花瓣反捲甚烈。山丹卷丹。多野生。百合反是。下種時期。百合卷丹祇可秋日。山丹兼可於春已種之。

我國而外。日本亦多種此物。或以爲食品。或以爲花卉。亦與我國同。歐美諸國。則因觀賞其花而種植之。不以爲副食品也。然近年亦有供食者。其物大都購自東方云。

百合

栽培法　於秋日擇十分成熟之球芽。種之苗牀上。覆稾草置之。翌年秋。乃移栽本圃。第三年夏開花。摘去花梗。球芽至秋即可收穫。或於六月中。擘取鱗片。扦植土內。自能衍生許多小鱗莖。圍繞之。秋日再掘取移栽本圃。翌年夏末。即可收穫。此種若專爲取鱗莖種植者。宜於未種時。先摘去花梗。乃得肥大。整理本圃法。宜未種前數月。熟耕細耨。第一年先以廄肥三百六十斤、豆餅三十斤、過磷酸鈣十斤作基肥另以草木灰七十斤作補肥明年再以去年作基肥之同量用作補肥。撒佈各株之間。人糞尿易使鱗莖腐敗。勿用爲善。其以爲花卉作娛樂品者。則每六尺平方之地用豆餅十四兩。木灰十兩便可。種植時期。視種類而異。大都以秋日爲恒例。每畝收量六百斤左右。疾病蟲害俱稀少。

第八節　薑

薑。處處有之。嫩時採以爲蔬。老則以之調味。殆全國皆然。南方種植頗多。蜀中所產者。最佳。品種亦繁。大別之爲大小二種。薑種之大者。味辛烈。小者反是。用速熟法種者味尤佳。其同科植物。曰蘘荷者。我國通常亦視

薑

爲薑之一種。俗呼爲佛手薑。或亦呼之爲紫薑、陽藿、洋荷、洋百合、洋生薑、洋芋頭等。栽培食用。皆與薑同。所異者。惟辛烈之氣。較薑少而且肥嫩耳。此二物、我國之外。惟日本栽培最多。歐美則不甚常見。

栽培法　先選種薑。而後種於本圃中。畦幅二尺。株距一尺內外。發芽後。耕耘二三次。至夏日以藁草覆之。所以防土地過燥。九十月間。塊根十分發育。卽可收穫。收得置細砂內。可以久藏。整理本圃法。四五月間。詳耕圃地。施以禽肥豆粕等。通常以廏肥千斤。豆餠三十五斤。過磷酸鈣三斤作基肥。以人糞尿七百斤分二次作補施之。下種期在春夏之交。疾病害蟲甚稀。

第五章　果菜類

果菜類栽培之法。大抵皆先播苗牀。而後移植。其中雖有直播本圃之種類。第爲數甚罕。不足以爲通例。良以果菜之苗。發育時易受旱害。播之苗牀。日日與以稀薄肥水。補其水分。爲力易周也。旣成苗後。移栽本圃。卽可不生損害。惟於日光强烈時。宜設物蔽之。以免日光直射。蒸發水分。至苗生長大。更需摘心數次。有時須以人工助其受粉。則於適宜之時爲之。肥料宜少磷而重鉀。成熟後。採取宜在早晚。留意勿傷株莖。欲作種者。宜選生於第二三節之果實。候老採取。剖出種子。洗淨陰乾。藏於燥處方可。

第一節　西瓜

西瓜原爲西域產。今我國處處種之。種類極繁。而其爲別。大要不外據其形狀之長圓。瓤肉之顏色。成熟之早晚等。所謂種之佳者。則含水多而味甘而已。然在我國。又有以採收種子爲主而種植者。則以種子粒大豐滿者爲佳。其栽種之地。最宜亢燥高熱。土質鬆輕者。否則產瓜雖大。而味劣多纖維。不堪食也。採

西瓜

得之瓜。留以爲種者。宜將種子洗淨。藏於乾燥灰內。浸種亦可用酒。惟種時需洗淨。以灰拌種而種。則發生尤茂。其品種以長圓爲別。則有長西瓜（腑棱瓜）圓西瓜等別。以瓤色爲別。則有三白、黃瓤、紅瓤、諸別。產於歐美者。其最佳之種。曰山甜Mountain Sweet瓜。形長圓而大。皮深綠。瓤紅。堅實而味甚甘。曰蛇紋Gypsy or Rattlesnake瓜。瓜形如枕。色淺綠。有深綠色條紋。瓤淺紅。味極佳。曰冰Icing or Ice Rind瓜。皮極薄。味極佳。皮色有深淺二類。曰鱗皮Scaly Bark瓜。瓜皮最薄。粗糙而皺。瓤色淺紅。皮色綠而深淺相間。味極美。日本則佳種絕少。稍著名者。惟一晚熟瓜而已。

栽培法　直播本圃。亦有先播苗牀而後移栽者。移栽時。注意幼根。勿令受損。直播本圃者。先作畦穿穴。穴中滿入肥料。肥料之量。每畝用廄肥七百斤。豆餅三斤。米糠十四斤。藁灰七斤。石灰二斤。人糞尿三百六十斤。勻佈各穴。與土壤混和。種子先浸後種。則發芽迅速。種已。覆土不宜太深。亦不可淺。深則難萌。淺則易燥。

均非所宜也。苗出數葉卽摘其心。與以稀薄人糞尿三百斤。使苗生歧。越二十日許。再施人糞尿四百斤。以補不足。並速其成熟。果實將成。則去無用之蔓。以免分力。地上更布稻草等。不令果實接觸地面。則不易腐壞。整理本圃法。春日先耕地作畦。畦上每間四五尺作一穴。備種種子。畦地土質不宜黏重。含水不宜過多。播種期以春四五月爲宜。生育期間五六月。每畝收量約二三千斤。疾病有粉黴、絨黴、青枯、疫病四種。害蟲有瓜螢、瓜蠅、捲葉蟲等。粉黴 Powdery mildew 一名露菌。絨黴 Downy mildew 一名白絹。是二者皆黴菌病之一種。能令瓜葉暴枯。致果不熟。蓋爲害較烈者也。防治之法。粉黴以阿摩尼亞炭酸銅溶液灑之。絨黴以薄波爾多 Bordeaux 液灑之卽愈。波爾多液製法。以硫酸銅十二兩。溶水一

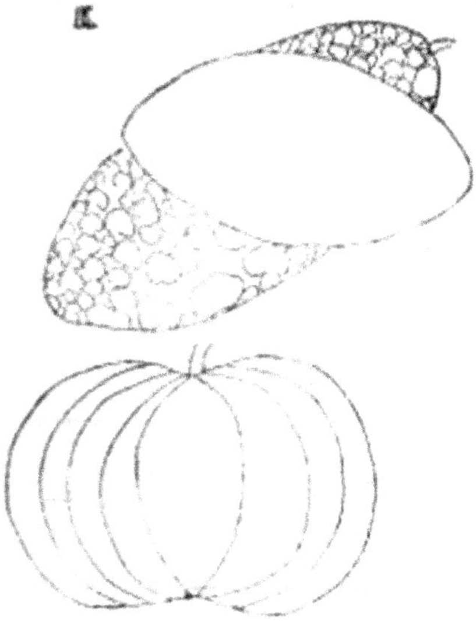

麻皮瓜

斗。與生石灰十兩。溶水一斗。濾盡。兩相混和。即成。需薄者。可加以清水。量病深淺。加水多寡。又此液治蟲害。亦甚有效。

第二節　甜瓜

甜瓜一名香瓜。我國種植之廣。不亞西瓜。東南諸省。所種尤多。品種最繁。統分爲黃、白、綠三類。每類之中。又各有佳種。最著名者。黃種之中。有黃金墜、蜜筩、噎瓜。白種之中。有銀瓜。綠種之中。有酥瓜、花斑瓜。又黃種中有一種小者。名金瓜。亦甚佳。至於瓜形顏色等。則長尖圓扁不一。大或徑尺。小或一捻。或有稜。或無稜。顏色有青綠黃白斑五種。絡之色亦然。或與皮同。或與皮殊。瓤之色。有紅白黃綠四種。子之色。有黃赤黑白四種。

甜瓜

甜瓜。歐美日本亦有之。日本分種法

與我同即以顏色爲別是也其最著之佳種凡三曰銀甜瓜靑甜瓜鳴子甜瓜歐美之甜瓜。初得種於南亞。今栽培雖盛。種類尚未甚繁。最著之佳種。曰綠網 Haeken 瓜瓜形圓而色綠。綠絡布滿瓜皮。曰金絲 Golden Netted Gem 瓜瓜形與我普通種相類。色淺綠。筋淡黃。曰褒提摩 Baltimore 瓜瓜形長圓。色淺綠。有斑紋。曰蒙特利 Montreal Market 瓜瓜形圓而扁。有稜。極似我之南瓜。惟色綠有筋。曰綠香櫞 Green Citron 瓜形圓而大。色綠。有筋。

栽培法　多利用屋傍隙地種植。大規模栽培者甚少。種法直播本圃通例則先播苗牀。苗生二三葉時移栽。移後施液肥三四次。肥宜施於根際。苗生四五葉時。摘心。歧莖生五六葉時。再摘心。隨時剪除冗蔓。將結實時。地上鋪以稻草麥莖。勿許瓜觸地面。則不生黴斑銹蝕。整理本圃法。耕耡田地。作畦穿穴。畦宜闊。穴不宜太深。直播本圃者。未種前。種子先以微溫湯浸之。則發芽較速。芽後。時時施以液肥。播種期約在四五月。天氣較暖者。可以略早。越五六月而採收。每畝可得二三千個。亦得數十元之收入也。疾病害蟲與西瓜大致相同。

第三節　黄瓜

黄瓜一名胡瓜我國種地甚廣蓋夏蔬中之珍品也。其種之常見者惟二曰尋常種。卽所謂大黄瓜者是也。岀數葉生一瓜。曰節實種。卽所謂小黄瓜者是也瓜生於節。形小而色淡此種栽後。不宜摘心摘芽。大秭者初花時。空花頗多。用人工助之受粉得瓜卽較盛栽培地、年一易則瓜繁冬日亦可用溫牀布種栽培。六七十日卽可成熟。

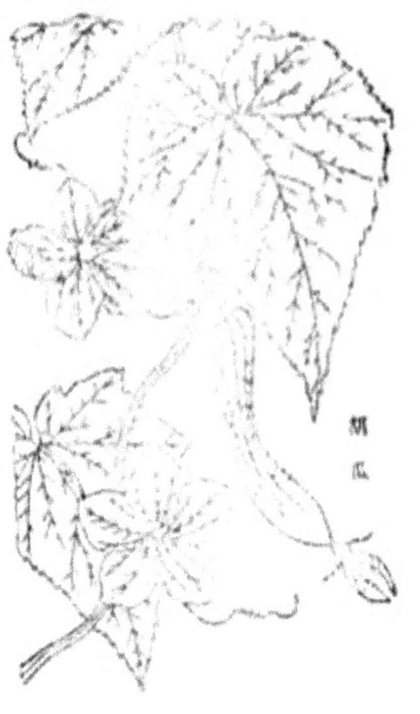
胡瓜

黄瓜產日本者。有三種、曰節成胡瓜與我之節實種同。曰白胡瓜、青胡瓜卽我之尋常種。因瓜色深淺而異名者也。產歐美者。其種甚繁。最著者。曰白刺

Improved White Spine 胡瓜 瓜形長圓。兩端粗細。大致相等。瓜色深綠而刺白。日俄國 Russian 胡瓜 瓜作橢圓形。長不過二三寸。而結實甚早。西印度胡瓜 West Indian Gherkin 瓜形如卵。大小亦相似。刺長。味最美。

栽培法 先播溫床。苗生二三葉時。移栽本圃。一苗一株。不可過近。每日日午。以物覆之。種後酌施補肥數次。相時中耕。蔓稍長。則設棚架。俾有所攀援。其多旁蔓。盡行摘去。只留二三主蔓。架棚不宜太高。及胸已足。整理不關法。精密耕耡。土作畦。畦距闊狹相間。狹處便設棚架。兩畦之瓜共得攀附。闊處以通人行。肥料以廄肥九百斤、豆粕三十斤、稾灰七十斤、過磷酸鈣二斤、人糞尿三百斤作爲基肥。補肥則以人糞尿九百斤。分三次施之。播種期三四月至六七月皆可。惟早種者味佳。種後二三月。便可採摘。每畝可得千餘個。生食醃食。需要極廣。疾病以露菌病爲最烈。害蟲以葉蟲之害爲最大。此外與西瓜大旨相似。

第四節 冬瓜

冬瓜一名白瓜。我國處處蒔之。品種無多。普通由瓜之大小長短。而分短圓及長圓二種。

栽培法　三四月頃。播種苗牀。經二星期而發芽。至五月中旬。移至本圃。生四五葉時。乃摘心。本圃整理法。於四月下旬。耕耡地土。每畝以廄肥七百二十斤。豆餅二十斤。過磷酸鈣二十斤。堆積一星期。用時混糞灰九十斤。人糞尿三百六十斤。作爲基肥。再以人糞尿七百斤。分二次補施之。經五六個月。瓜面發生白粉。爲已經成熟之徵。卽可採收。每畝有六七百個。

冬瓜之需要。無其他瓜類之廣。故僅利用隙地栽之。或於屋旁通風之處。栽植二三株爲之設架使攀緣而上既可利用其瓜實復可藉供觀賞此時可掘地作穴。埋以米糠三斤。木灰一斤。加人糞尿二斤。速其腐敗。然後覆土。每穴植苗一株。其後再以人糞尿四斤作補肥。便可盛生。疾病害蟲與西瓜略同。

第五節　南瓜

南瓜我國本無此種。說者謂自南番傳來故名。多產閩浙。北地亦有之。江淮之間。栽培亦盛。其品種亦多。大都以顏色分之。瓜色有紅、綠、黃三類。皆作食。然近人多以其小者作玩具。其別種曰番瓜。紋花俱如南瓜。惟色墨綠。蒂頗尖。形似葫蘆。甚大。亦有黃者。今江淮間所種。多屬此種。北地栽培者亦多。此二種瓜。皆不可生食。採收時期。視需用遲早而異。凡採得即食者。瓜實碩大。

南瓜

即可採取。若欲貯藏。必待花落後三四十日。即完全成熟時。不然。不耐久藏也。

南瓜、歐美日本。亦多種之。以爲食品。產歐美者。其種至繁。統別之爲冬夏二種。約別黃、赤、白、綠四色。最著之佳品。夏種中有黃白瓦楞瓜 Yellow and White Bush Scalloped 二種。瓜形略似向日葵花狀。瓜棱向上。四周翹起。有許多棱起似瓦楞。皮堅味甘。堪久藏。波斯頓 Boston Marrow 瓜。瓜皮甚薄。顏色橘黃。肉豐少汁。味甚美。冬種之中。有埃賽克斯 Essex Hybrid 瓜。瓜之兩端扁平。色淺藍。肉厚味美。便於久藏。日墨巴爾 Hubbard 瓜。瓜色淺藍。亦有棕色、橘色、黃色者。質碩大。每枚約重七八斤。蓋是種中之結實最大者也。日本產者。佳種有居留木橋南瓜。內藤南瓜。西京南瓜等。居留木橋南瓜一名縮緬南瓜。肉豐味甘。形扁圓。皮多細疣。內藤南瓜。瓜略大於前種。溝深皮滑。堪供久藏。西京南瓜一名鹿谷南瓜。瓜形如葫蘆而多疣。色綠褐。味美。

栽培法　先播種溫牀。五月初成苗移栽。或直播本圃。苗生五六葉後。摘心。牛三四莖後。酌施稀薄液肥。以後量所需而與之。將結實時。先以草鋪地。瓜不觸土。卽不生銹。整理本圃法。熟耕細耨。作畦。畦幅四五尺。畦上每間三四尺穿一穴。穴植一株。施棚架者。畦可稍狹。距可較近。肥料用廄肥七百斤、豆餅二十斤、米糠一百斤。預先堆積混和。用時勻施穴中。再注以人糞尿少許。然後覆土。另撒以藁灰。其後量時而施人糞尿一回便可。或每距四五尺掘一尺許之穴。穴中施以肥料。盛土須高於地面者三四寸作小阜狀。然後每阜下良種三粒成正三角形。發生後摘心管理。均與前同。播種期。三月下旬四月初亦可。經五六月便可採收。可得三百至七百個。疾病害蟲同西瓜。

第六節　絲瓜及瓠子

絲瓜處處種之。易長而易生。唐以前無聞。今則南北皆有之。以爲常蔬。北種尤佳。江浙之間所產最大。有長至五六尺者。其品種約分爲大小二類。大種者曰長絲瓜。瓜細長而嫩。味較美。小種者則尋常絲瓜也。我國除用以作蔬外。兼取其縷。

以作拭巾、擦器皿、藉鞾履等之用。日本亦然。種類用途。皆與我同。

栽培法　先播苗牀。五月上旬。移植本圃。亦可於五月上旬直播本圃中。引蔓之後。爲設棚架。架宜高。量施補肥。整理本圃法同黃瓜。肥料亦然。

瓠子

播種期。播苗牀者三四月。播本圃者。五月上旬。亦可略早。每畝可得二三千個。現有專備採種而栽培者。疾病害蟲大致似西瓜。

瓠子 一名扁蒲處處有之。我國夏日之常蔬也。北地尤多。其品種大別爲甘、苦二類。甘者供食。苦者僅以作器而已。惟甘瓠之形有長有圓亦有扁者。其別種曰壺盧、水壺盧、菜壺盧等。北地亦皆以之供食。老則以之爲器。

栽培法　栽培管理。與冬瓜略同。先播苗牀。冷温皆可。四五月中。移栽本圃。長及一尺後。摘心。加以補肥。整理本圃法。深耕熟耨多施肥料再加土壅之俟肥料與土相和。然後作畦種植。畦須闊。或施棚架於上。則畦可較狹。播種期以三月末爲最宜。四月初亦可種。若直播本圃者。則四五月。皆可種植。供食用而種者甚少。多以作器。疾病害蟲。大致與他種瓜類同。

第七節　茄、番茄及番椒

茄子。一名落蘇。處處有之。亦夏蔬中之珍品也。佳種各地皆有。大概均以形狀顏色別之。形狀有長、圓、橢圓三種。顏色有紫、白、青、黄四種。

栽培法　先播溫牀。四五月中。移栽本圃。日中時。則以物覆之。勤澆施補肥數次。相時中耕除草。尋常澆時。

茄

可兼用稀薄肥水。則結實茂而多。收採時。宜在朝夕。日中摘取。則損色澤。整理本圃法。四五月頃。耕地後。用廄肥九百斤、豆餅七十五斤、過磷酸鈣十斤、人糞尿五十斤。混和施之。然後作畦。畦上作穴。每穴種一株。補肥三回。每回用人糞尿五十斤。施後覆土。再撒以木灰少許。可防病蟲。播種期。宜在二三月。若三月下旬始種者。則先以溫湯浸種。然後再播。芽可較速。播種後經五至八個月而成熟。隨時採摘。每畝可收二千餘斤。疾病有枯折、青枯二種。害蟲有金針蟲、蚜蟲、地蠶等。枯折青枯病。均由於氮質肥料太多。連年種植一地之故而生。純屬於微菌之作用。其病徵。大都將結果時。根際先枯。莖漸衰弱。終則忽然斷絕。預防法。移植時務選苗之短小剛强者。勿連栽。肥料多用磷肥及草木灰。移苗入本圃時。先於栽處預置草木灰一合許。既病之後。則拔被害者焚而棄之。左近灑以波爾多液。以免蔓及他株。

番茄我國本不種植。自番舶通後。始漸有之。惟栽者仍極少。栽培方法。與茄全

同。僅莖軟易倒。必植竹竿以扶之方可。每畝收量較茄略多

番椒或曰青椒俗呼辣椒大椒等各省均植之而陝、甘、湘、蜀、黔、贛諸省尤盛。我國舊無此種。說者謂自西方傳來品種極繁隨地異名大別之不過甘辛二類甘者曰甘椒味雖辛。然不甚辣且有微甘尋常作蔬者多屬此種。辛者曰辣椒味極辛不堪入口。尋常多以供調味之用。然湘蜀人獨嗜此種幾於每飯必具。

番椒我國而外。日本種植亦甚多其品種佳者有八房鷹爪青番椒等八房每八椒簇生一處。鷹爪結實瘦小而彎曲。青番椒實作圓錐形色綠其味均甚辣

栽培法　先播溫牀。五月上旬移栽本圃并以竹木之類扶持之其餘均與種茄法同。疾病及蟲害甚少。

第六章　蔬菜之收刈貯藏及速熟法

凡收刈蔬菜自宜以適期為善。然有時因販賣及市場情勢。有不得不早收晚刈者。是則取多利之途而從之。既收以後。攻治包裝亦屬必要。若偶不慎。常以品

質良好之物抵市場而轉獲劣價者。又蔬菜價值。時時變動。爲增爲減。有朝夕而數異者。而亦有數日而不一異者。是則貯藏之法宜先矣。貯藏既善。然後相時價漲落。以爲售藏。此應變之最上策也。惟貯藏蔬菜。其法因蔬菜種類而異。大概則南瓜甘藷而外。普通物品。均不宜高溫多濕之所。而空氣則需流通。溫度則不宜多變。

市場需要情勢。既有異同。早收晚刈。猶不能盡副所求。於是有以人力變更作物生長時令者。是法曰强熟法。宜於冬日及早春之候爲之。從事之途。在設溫牀培之。溫牀與培植秧苗所用者無異。不過尋常所用。秧苗既已生長。卽移置常畦植之。此則仍植溫牀內耳。所當注意之點。亦復相類。卽務令溫度、溼度、光線、空氣等。適於健全之發育而已。惟瓜類兼須以人力助其受粉。

强熟法外。更有相類之一事。曰鬱養法。或曰壅白强熟法。法使所培作物莖葉。變白而柔軟。增長其風味。例如葱、韭、白菜之屬。以多白爲貴者。則常用之。其法之最簡者。於溫暖地掘溝。闊約一尺八寸。深約一尺五寸。中置生熱物厚約七八寸踏實。其上覆以細土。移欲培物處其中。根際原有之土。留而勿去。并用落葉、藁草之類掩護之。以保溫熱。亦有作窖室於地下。而專供此用者。是則宜選土質高燥不易崩壞之所為之。入口處施適宜之掩護物。兼備調節光熱之用。室中中央留為人行之路。兩側設畦。如治溫牀法治之。栽培作物仍如前法。

第三編　果樹栽培法

第一章　果樹繁殖理治法

果樹云者。謂欲得果而培植之樹木也。例如桃、梨、杏、柹、枇杷、葡萄之類皆屬之。此類果實。或供生食。或製爲脯。或釀爲酒。用途甚多。而樹之種類亦夥。大略別之爲仁果、核果、漿果、堅果四類。仁果 Kernel Fruits 謂果實之種子形小。而僅被薄殼者。核果 Stone Fruits 謂果實之種子形大而被有堅殼者。漿果 Berry Fruits 謂果實之多含漿液者。堅果 Nut Fruits 謂果實之被有堅殼者。

果樹分類之法。常用者舍此法外。尚有以樹本爲別者。卽別爲木果 Orchard Fruits 草果 Herbaceous Fruits 蔓果 Vine Fruits 小果 Small Fruits 四類。而小果亦或名灌果 Bush Fruits 以其樹本爲叢生之灌木也。

果樹種類既庶。其繁殖法亦夥。相其宜而用之。總分爲接木、實生、壓條、扦木四種接木法用者尤多是不惟便於保留遺傳母樹之特性於成實迅速及恢復老樹勢力。亦有確效。

接木之法。至多而且繁。然無論何種。其所取之本。皆曰本木或曰砧木本木以圍數寸生數年者爲最佳。雖接後生長遲緩。然享大年而茂果實。非以大樹爲本者所能及也接於本木上之枝芽曰穗木穗木以生長力强盛者爲最善。若枝芽萎黄。則非所宜。

插接法

接木法可分爲接枝、接芽而接枝接芽實施之術。尤不一律。以其大要言則接枝術最常用者。曰插接法本木不甚大者用之。先擇本木就其去根數寸處截斷。或斜或平。因法而異。

惟斷面務極平滑。然後選平正無疵處。隨木質木皮之間隙剖之。削去木質少許。使其形與穗木同長同大。穗木擇前一年生之枝而附有二三芽者。以利刃平斷之。或向下斜削。長八分至一寸內外。復於其反面向木心斜削。深達二三分爲度。然後插入本木中而封縛之。本法。一本接一穗或二穗至四穗均可。其施術甚易而成功亦昭。凡本木徑一寸至二三尺者皆可用。花卉果樹。無所不宜。

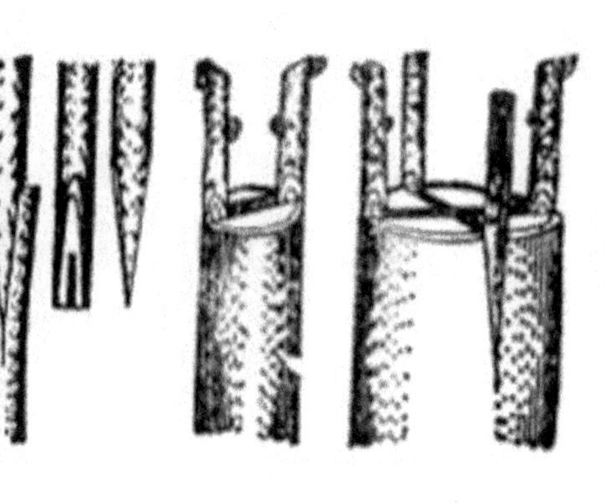

割接法

其次曰割接法。是則大木用之。先平斷本木。再割分爲二或爲四。深約七八分。割面必求平滑。然後選取穗本。截其上端。約長二寸許。削其斷處如楔形。插入本木中封縛之。本法用於大本老樹。往往施術難而無全功。然果樹之類。生長既久者則非此不易接。

接芽之術亦有種種大都於夏季樹液循環最盛時爲之是則施術既易成功又速。卽有不善。亦不難於改接。故不可問其施術取形之種類如何。第就本年或前一年枝梢發生之新芽。擇勢力强盛者。自上下各約五分許處。削取其芽。削處以至其木質部爲度。然後嵌入本木木皮中。封縛之。

實生、壓條、扦木三法。不及接木應用之多。但特別時。非接木法所能告厥功者。則需用之。其法。實生者。謂播種於苗圃中。培長之成樹秧也。尋常養本木者皆用之。壓條者。則曲撥老樹枝條。埋之土中。待生根而後截取。用爲苗木。蘋果、葡萄等易生根之樹木常用之。扦木則折取老樹枝條芽莖。扦插土中。培之生根。用作苗木也。是亦惟易生根之樹木用之。第用芽莖者。仍甚罕見。

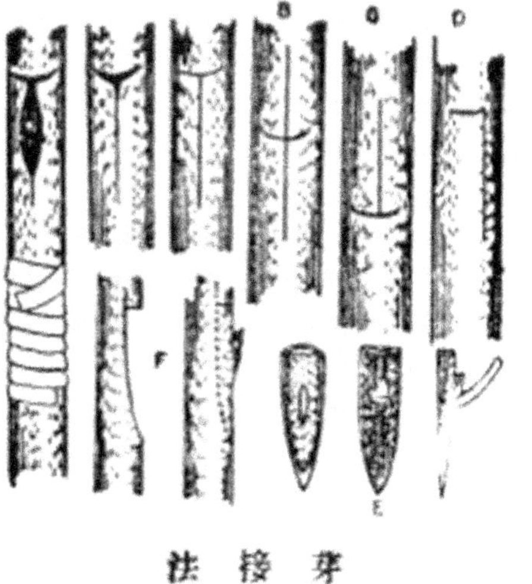

芽接法

果樹扦插接種以後。既已成苗。則需移栽。移栽間亦有施諸大樹者。第甚少。移栽時。宜在春季發芽前、秋季落葉後。選天日陰暗而無風際爲之。掘取時愼勿傷根。掘得後乃適宜截斷其直根。所栽之穴。距離必有一定。先施肥料。然後再栽。既栽。根際培土。務令親附。不可太堅。亦不可太柔。移植之苗。若自遠地移來。可先擇多濕砂土假種之。俟生長勢力恢復以後。再定植本園。不然必多死者。

果樹既種。欲維持其生長力。使成實優良。久而不衰者。是在年年施肥。普通施肥。年分爲三期。第一期自秋季落葉後迄春季發芽前。用堆肥等之遲效肥料。其主旨在使果樹漸漸吸收。使發芽成長茂盛。第二期於開花後果實如指時爲之。用稀薄之速效肥料。重在使果實發育完美。第三期則視樹種而有用否。大約以秋分前後爲多。施肥之法。視樹之大小。約略於支根四周掘溝而置肥。其中以土覆之。是名輪肥。或用棒鑿穴。納肥穴中。以代掘溝。則名穴肥。

肥料中之氮素。可使枝條發育。果實肥大。缺乏時則樹衰果小。然過多則發育過度結果少而遲且易落果又易致疾病蟲害磷及鉀使枝幹堅固多生花芽兼防落果。且使肉軟皮薄。增漿液之量及其甜味。故果樹肥料之三要素宜多用磷鉀而少施氮素。惟施用之分量。則由樹類樹齡而不同。

果樹種植既宜培壅。又善成長之勢往往有嫌過盛而影響於結實者。於是時則須抑其成長之勢。防枝葉之密生。及變更其養分之所專注。或欲樹姿齊整。日光空氣易於流通。便採果驅蟲者。則當以修剪整枝為先務。修剪之法。有剪枝摘芽斷根剝皮曲枝摘果各種。而以剪枝一法為最緊要。大都於秋季落葉後春季發芽前為之。亦有行於夏秋者。法以鋒銳刀剪。就無用枝條。於近芽處向反面斜截之。截口務取平滑。否則為雨水所浸。即有腐蝕之虞。剪時尤宜辨別花芽、葉芽。若誤并花芽去之。則亦不能結實。花芽大致圓而大。生於短節之枝間。葉芽則較細長。生於長節之枝間。其據枝梢為別者。則視樹種而異。例如桃之花芽生於今年生之新梢。明春開花。梨之花芽生於去年發生之枝。明春開花。葡萄之花芽則去年發生之枝。今春先生新梢。新梢再生新芽。而開花結果。其不同有如此者。固不可等視齊觀。以爲花芽必生於新枝也。修剪於夏季爲之。不如於早春晚秋爲之者善。以春秋之候。樹液運動停止。修剪不傷養分。而截處又易愈。故夏季則反是。然因其時樹液運動方盛。雖稍受傷。尚無大害。亦得施以修剪也。

摘芽法。謂將無用之芽摘去。免其將來長爲繁枝冗葉也。是多於夏季爲之。斷根法。凡成長過度之果樹。欲減其吸收水分養分作用者。則用之。剝皮法。能使水分養分運行不活潑。多生花芽。果實早熟而肥美。惟剝之太多。則令受剝之枝早衰枯死。曲枝法。謂屈抑枝條。不令其生長太長。使養分專注花芽。以促其結實也。或令其強盛之勢。轉爲衰弱。不令爲無益之生長。使養分消耗也。摘果法謂選銹蝕羸弱之果摘去之。以節省養分。供優良果實之成熟。果實初結大似指時。卽須用新聞紙或薄油紙製之袋。包於果外。所以防昆蟲之加害也。桃之果實。不見日光。則不顯其固有之紅色彩。故於採摘之前三四日。除去紙袋。令當日光。

使生固有之彩色

整枝之法。於樹枝幼時。以人力矯正之。使如所預定之形。其法分爲立樹、造垣、棚架三大類。每類中。取形又種種不同。立樹法本樹枝生長自然之勢。圍本幹四周。理治枝條。使之疏朗整齊而已。其形有金字塔形、杯形二種。造垣法令樹枝向左右生長。扁平如壁。可以代垣。其形有扇形、叉形、繩索形、平行線形等。棚架法則於樹枝之下。樹幹四周。設置棚架。以承之也。亦有專爲使樹蔓得所攀援盤踞其上而設者。其形無定。以方形、長方形、圓形、橢圓形爲多。

金字塔形 Pyramide 或名圓錐形。或名三角形。法就本幹去地一尺至一尺五寸處。截斷之。使生新枝。中央一枝。令直上。餘枝分向四周斜出。年一修剪。漸上漸細。五六年後卽成。

杯形 Vase 法就本幹去地一尺至一尺五寸處截之。令生三枝。翌春再截三枝。令每枝分爲二三歧。年年如是。歧復生歧。盡向外延。樹枝之間。卽中空多餘隙

金字塔形

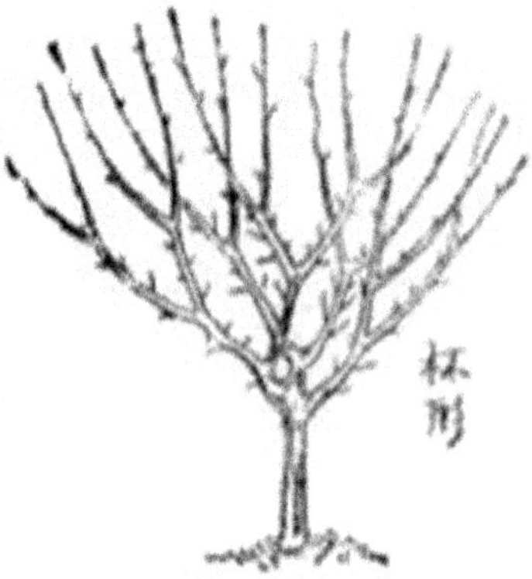

杯形

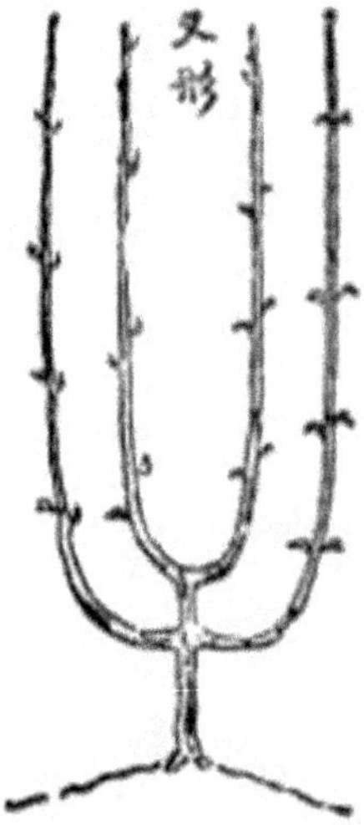

叉形

扇形

橫綫形

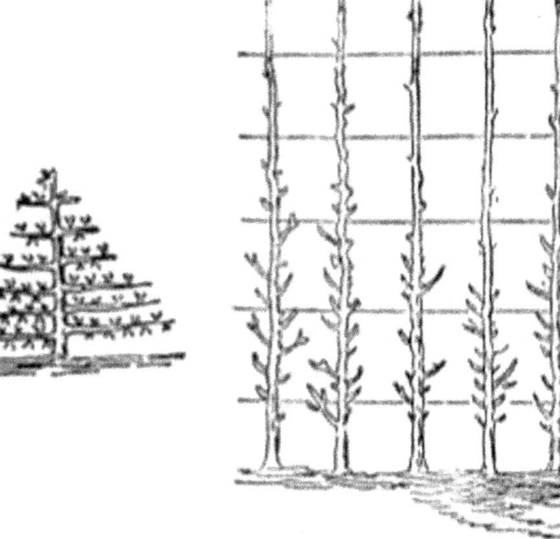

如杯形。

扇形 Eventail 法斷本幹長五六尺至尺許。使生三四枝。翌春更截各枝長約尺許。令生二三歧。强使向扁平生長。四五年後卽成。

叉形 Candélabre 或名燭架形 法先斷本幹長五六寸至尺許。使生三枝。中枝直上。餘二枝分向左右。始如水平。繼仍屈令直上。翌年再分枝梢。每枝或四或六。惟是法所分枝數。初不必定爲三枝。亦有始分爲二繼變爲四者。

繩索形 Cordon 法斷本幹長約尺許。使生一枝或二枝。向左右生長如水平。亦有使之向上直生者。或向斜面側生者。共分爲三種。曰垂繩形 Cordon. Vertical。卽直立者。曰斜繩形 Cordon Oblique。卽斜出者。曰橫繩形 Cordon Horizontal。卽橫出一枝或二枝水平行者。

平行線形 Palmette 法與叉形繩索形無大異。惟以分枝多寡而異名。其類有橫平行線形 Palmette Horizontal 斜平行線形 Palmette Oblique 平行線變形 Palmette Verrier 等。變形最似叉。故亦名叉形。其中叉分爲四出五出 Quatre branches, a cinq Branches 等。

第二章　仁果類

仁果類主要果樹曰蘋果、枇杷、梨、柹、石榴、柑橘。其性質宜暖宜寒。種種不一。而大都均屬於溫帶。所分者僅偏南偏北之異耳。

第一節　蘋果

蘋果供生食。亦以鹽糖製爲脯、與醬、及釀酒等。舊產北地。今南方亦有之。惟形色味俱不如燕趙所生者佳其種甚繁我國所產蘋果種類甚少尋常僅別其大小。呼大者曰蘋果小者曰花紅他國種。惟美國所產爲最佳。其種至繁尋常以成熟遲早大別爲早、中、晚三種。他國種中最佳者。有紅阿斯達拉罕種 Red Astrakhan 此種樹性强健枝粗而果圓色深紅。成熟最早法密司種 Fameuse 此種不如前種之健。然品質優良。果肉純白。成實豐夥。是其特長。僑納散種 Jonathan 樹健枝細。果肉淡黃品質最優。今各國所種者此種爲最普遍甘多儕曼種 Tallman's Sweet 此種果形扁而味甚甘。朋大衞種 Ben Davis 果大而形尖圓。色黃綠有鮮紅色斑點。品質優而耐久藏。善貯藏者能留至翌年五月。日本亦以早、中、晚分種。其種之佳者。大都自歐美移植而來。

蘋果性喜寒冷氣候。乾燥土壤。惟氣候過寒。亦非所宜。繁殖法大抵以接木爲主。整枝多用立樹法。亦有用造垣法者。修剪法無一定。適宜爲之可也。肥料普通多用人糞、灰、堆肥、油粕等。於秋季落葉後至春季發芽前施之。果實熟於七月至十二月間。陸續採取。勿傷他枝。疾病有銹病、黴病、腐病、害蟲甚多。最烈者有綿蟲、介殼蟲、天牛、叩頭蟲等。

綿蟲寄生蘋果之狀

成蟲之有翅者

成蟲之無翅者

綿蟲爲蚜蟲之一種以成蟲幼蟲體皆有白毛如綿故名夏季化生七八次繁殖極速。此蟲常以口吻刺入樹皮中。吸收養分。致新梢因之屈曲。枝幹因之生瘤樹勢漸衰而枯死。天氣既寒。則入居枝幹樹根中。翌春復出爲害。驅除預防法。於枝幹斷裂處。塗以黑煤油 Coal tar。被害處夏用十五倍冬用十倍之石油乳劑注之。害及根者。則掘而注以石油乳劑。或埋煙草莖葉於其處。

腐病係細菌寄生所致。爲害至爲酷烈。初時樹皮一部份呈淡紅色。觸之柔軟。剝離極易。不數日環繞樹枝而枝死。由昆蟲而傳染蔓延最速。常使全園蘋果樹。同歸烏有。防除之法。嚴除害蟲。一見有病株發生。卽以利刃彫去病部。以黑煤油塗之。或截去全株而焚去之。勿稍顧惜。

第二節　枇杷

枇杷爲我國之原產。大都以爲生食之品。亦有以之製醬者。襄漢吳蜀淮揚閩贛粵皆有之。而以吳越之產爲最佳。北地亦間有生者。第酸澀不可食。其種甚繁。

大別爲紅白二種。枇杷種白者。實大而核少。最佳者產吳之東洞庭。名白沙。亦有無核者。名焦子。產粵中。紅者果實深黃。亦以產東洞庭者爲最。名紅沙。其形分長圓、正圓二類。紅、白二種皆有之。他國之產。則日本有田中枇杷。爲我紅沙之改良種。實圓而大。其味甚甘。果色橙黃。每枚有重至二兩以上者。此外歐美諸國。近年始移種之。尙無著名佳種。性嗜溫暖氣候。不計土質。而以砂質壤土及濱海濱湖之地爲最宜。地須燥。燥則味甘而實豐。濕則味淡而實少。繁殖法實生接本皆可。整枝宜立樹造垣二法。修剪大都於採果後爲之。肥料宜人糞、油粕、糠等稀薄肥水。去根遠遠施之。果實熟於初夏。疾病甚少。害蟲有天牛、金針蟲等。

枇杷

第三節　梨

梨我國自古有之。用途甚多。生食而外。製脯釀酒爲最常見。北地處處有之。南方則甚少產。其種極繁。大都以果實別之。最佳者曰雪梨。鵝梨。淡水。香水梨等。雪梨一名乳梨。皮厚肉實而味長。淮之南北皆產之。以宣城爲最佳。鵝梨一名綿梨。產大河南北。皮薄漿多。而香氣甚濃。淡水梨一名清梨。產廣東。色青黑。香水梨一名消梨。產北地。本天最佳。此種與廣之淡水梨。并爲南北最佳之品。其他萊陽之慈梨。尤爲世所稱許。

梨

梨種他國亦以成熟早晚分類。其最佳之種。則有巴突奈特種Bartlett是爲英產中熟種中之最佳者。果大形長。而實白漿多。臭芳馨。皮色鮮黃。結實豐夥。近今歐美諸國多種之。丟塞瑠格種 Duchesse d'Angoulême 爲德之改良種。樹强健。長果枝短果枝間生。果形長圓。皮色黃綠。結實衆多。法蘭西種 La France 是爲晚熟種中之最佳者。果小形圓而色黃綠。皮粗。巴塞克拉薩種 Passe crassane 是亦晚熟種之佳者。樹健枝粗。果圓色黃。成果最豐。日本種最佳者。有世界一。是爲日產之最美者。果大而形扁圓。色淡褐。肉輭汁足。食後無渣。長十郎以漿多而甘著名。是亦上品之一。赤龍形扁圓。果大而色青綠。以耐久藏著名。味殊不足取也。

梨之性質。皆喜較寒之氣候。忌過燥過濕。最宜表土深之砂質壤土。繁殖法以接木爲主。整枝法各種皆可用。然以棚架法爲最普通。修剪宜於夏秋二季爲之。夏去不用之芽、過多之花實、及空長之枝。秋則專整枝梢。使多發花芽。餘略同蘋果。惟晚生種宜在降霜前採其果實。疾病有落葉、腐敗、赤星、黑星等。而赤星之害最烈。害蟲有果蠹蟲、象鼻蟲、蜂等。赤星病爲梨葉病之一種。始則葉面有斑。微微凸起。作赤黃色。有光澤。葉裏簇生細長形而色灰之凸紋。漸則傳及枝幹果實。終則使果實不能成熟。預防法用波爾多液灑之。并去病葉焚之。果實初成時。以紙袋包裹之。則不惟能防是病之胞子。并可防果蠹蟲害黴害等。

第四節 柹

柹為東亞特產。或以供食。或以製漆。惟我國及日本多樹之。我國處處皆有此物。北方所產較佳。其種甚夥。統分為甘柹澀柹二大類。佳種。我國有紅柹黃柹朱柹方柹塔柹牛心柹綠柹輭柹等。日本有御所柹鶴子柹百目柹霜丸柹富有柹次郎柹等。歐美諸國則近年始從東亞得其種移植之。

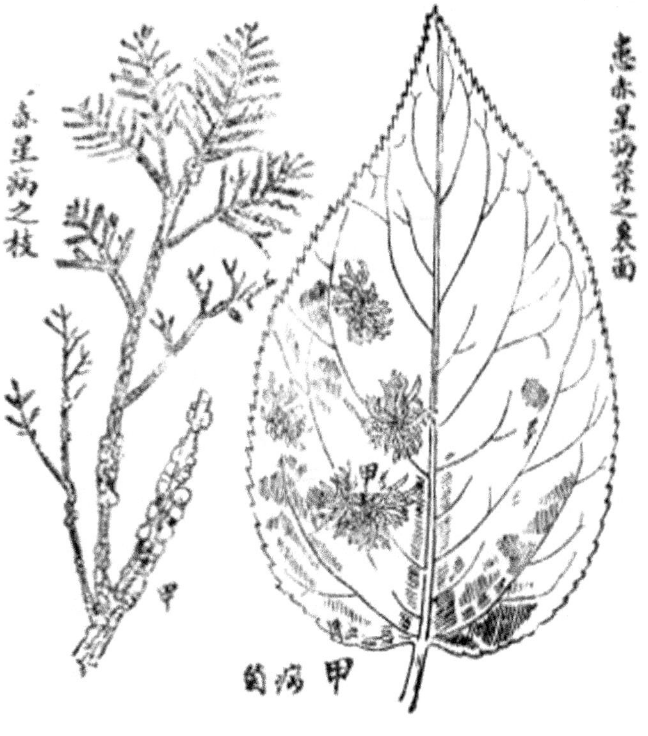

患赤星病葉之裏面

赤星病之枝

甲

甲病菌

尚無佳者可言。

紅柹爲最普通佳種。所在多有之。色深紅而皮薄。其形或扁或橢。大小頗不一律。黃柹類似紅柹而色較黃。黃河南北汴洛左近多產之。朱柹似紅柹而尤圓小。皮極薄。味極甘。江淮河之間皆有。而關中所產爲最可珍。方柹卽柹之形方者。皮厚而有稜。或四或六。最佳者無核。北地多有之。南方亦間有生者。塔柹微似方柹而中腰有凹。於諸柹中此爲獨大。皮亦厚。燕趙多產之。牛心柹柹之大而狀如牛心者。亦屬北產。綠柹乃柹之小而卑者。生江淮宣歙荊襄閩廣諸地。味甚美。雖熟色亦深綠。故名。輭柹柹之最小者。一名君遷子或名輭棗。形似棗而輭。無核。色黃赭。味極甘。大者不過如指頂。北方多產之。南方間亦有種者。

御所柹扁圓形。而有四稜。皮色紅黃。無核。味不甚甘。是爲日產最佳之種。鶴子柹。形橢圓而尖。味甘。宜製脯。百目柹形扁圓。極大。枚重七八兩。亦有至十兩以上者。味甘汁多。是爲日產最大之種。霜丸柹形橢圓。有四稜。皮色紅。經霜味愈甘。是種初熟於八九月間不採味復澀至十一月始完全成熟無澀味富有柿形扁圓兩端微凹。核少汁多。接本後二年即生果。是爲其特長。次郎柿形略作正方。核少肉柔。其特長在樹健而果豐。

柿之性質。不選氣候。惟忌酷寒之地。土壤最宜砂質壤土。然土質過於輕鬆。亦成熟少而品質劣。宜注意。繁殖法以接木爲主。整枝法從來無用者。蓋均任其自然生長。而加以適宜之修剪而已。剪時不宜鐵器。採實或生或熟。隨樹種而異。大抵甘柿宜熟。澁柿宜半熟也。肥料秋日宜用木灰堆肥。春日宜用人糞、糠灰等肥水。疾病雖有數種。然無大害。可不論。害蟲有介殼蟲、蛅蟖、金龜子等。

第五節　石榴

石榴我國自古有之。作果食及入藥用。南北均產。而北方所產尤佳。其種統分爲甜酸苦三類。佳種有富陽榴、海榴、水晶榴、瑪瑙榴等。皆甜榴之佳者。富陽榴實最大。南北均有。然南少而北多。海榴樹高不過數尺。且多植盆中。而實亦甚大。且甘。此惟燕趙產之水晶榴。榴子晶瑩潔白如水晶。瑪瑙榴。榴子水紅似瑪瑙。此二種南北皆有。味均甚甘。瑪瑙榴中。有種子色鮮紅似寶石者。其味或甘或酸。則多生南地云。

歐美諸國。亦均有榴。惟其種植之旨。偏重賞玩。故所謂佳種。頗與我異。日本雖亦兼重花實。然無佳種。今其國人所最珍重者。即自我傳得之水晶種也。

石榴性喜溫暖氣候。北地天寒者。夏日能得高熱亦生。土壤宜堅密壤土。而略含水氣。最忌輕鬆多燥之地。繁殖法以扦木壓條爲主。間有用接木者。整枝大都用立樹法。然多聽其自然生長。修剪適宜爲之。所去之枝。宜根際發生及生長強盛者。收果於七八分成熟時爲之。若俟十分成熟。則皮綻子露。不耐久藏。肥料以堆肥、人糞尿、骨粉等爲主。疾病甚少。害蟲有尺蠖、天牛等。

第六節　柑橘

柑橘類大都以爲生食之果。及製脯釀酒作醬。或入藥製揮發油。加入果餌中

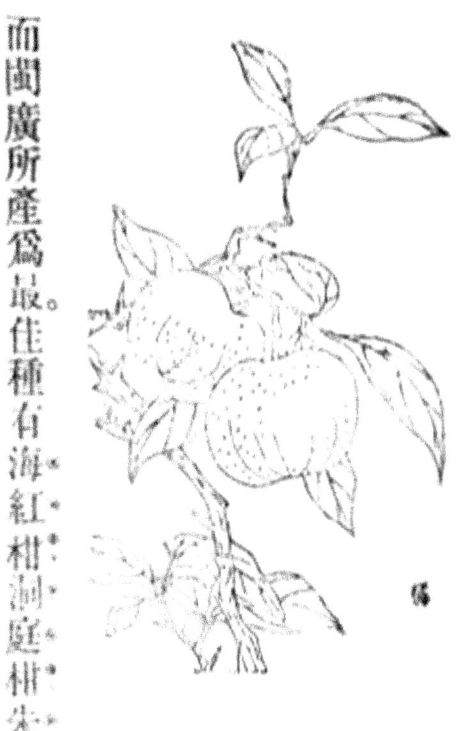
橘

爲香料等用途甚廣。我國自古卽栽培之。近年栽者尤衆。其種甚繁。大別爲橘、柑、橙、柚四類。橘產江淮吴越荆楚閩廣之間。而閩之漳福。浙之溫台。所產爲最佳種有蜜橘綠橘朱橘包橘四種柑產江南嶺南及川蜀之間。而閩廣所產爲最佳種有海紅柑洞庭柑朱柑黄柑牛奶柑金橘六種。橙舊產唐鄧間。今江南兩粵皆有之。粵產尤佳佳種有夏橙香橙新會橙等。柚產粵中。蜀亦有之。佳種有朱欒文旦等。

柑橘類。歐美諸國亦多栽之。第以橙爲主。佳種有華盛頓那威種 Washington navel 以實大味爽著名。香氣亦濃紅馬爾太種 Maltese blood 以實多味甘著名。且成熟甚早。威稜蘟晚種 Valeneia late 以樹健果多著名。其所產果皮薄而

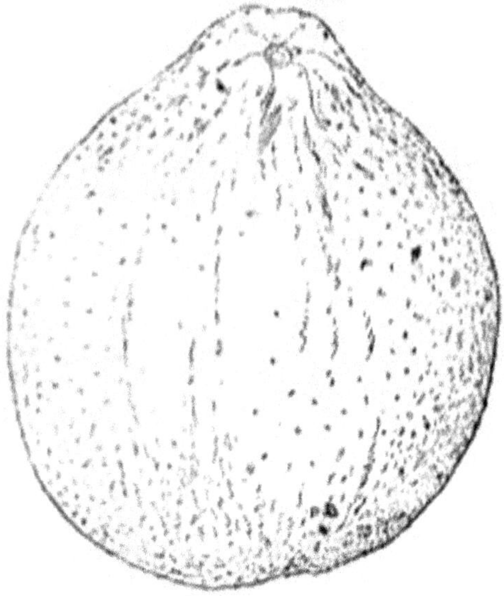

廣東文旦

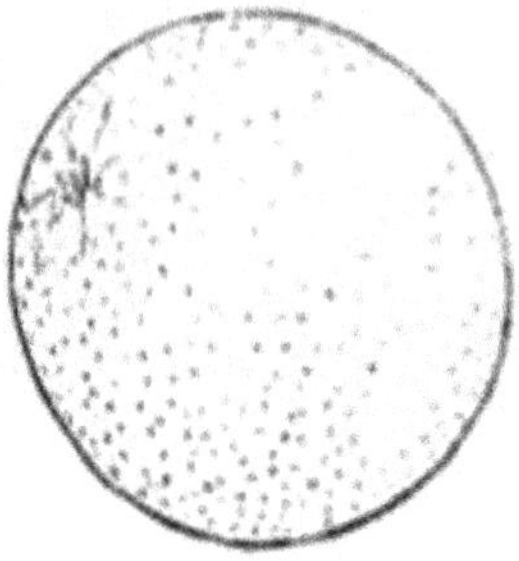

新會橙

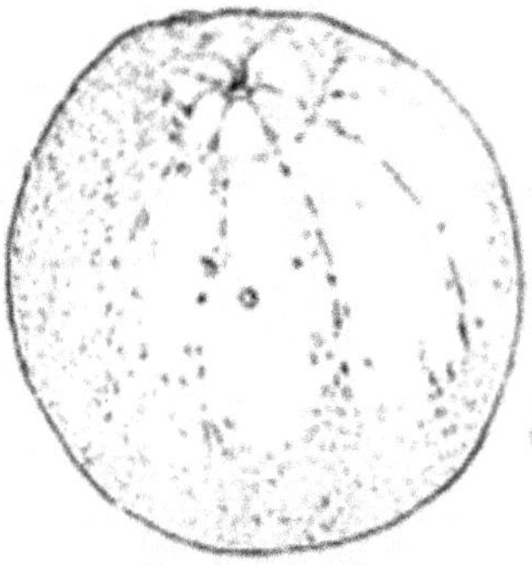

福州蜜橘

溫州蜜橘

汁豐。成熟於五七月間。又此物日本栽種亦多。第無特別佳種可紀。渠所謂善者。曰溫州蜜柑。舊我國產也。曰紀州蜜柑。果小而皮厚。且回味微苦。不足取也。

柑橘性喜溫暖而畏寒風。宜乾燥砂質壤土。繁殖法以接木爲主。接後二三年。移種木園。勤耘。愼防霜。春秋二季用油粕類壅之修剪時注意勿損花芽蓋此類之樹與他種果樹異往往開花結實在枝梢尖端也。整枝宜用立樹法。收果以地方而異。揣其適熟用剪剪取可也。疾病最可畏者爲煤病其次則痂病蟲害有介殼蟲鳥蠋等。

煤病葉最易患之其菌尤喜繁殖於蚜蟲分泌之蜜中。凡患此病者。始僅葉面覆黑膜。終則樹勢衰退結實減少。驅除預防法勿容蚜蟲蕃生并注以松脂合劑等。

第三章　核果類

核果類凡果實種子。被有堅硬之殼。不易破裂者。皆屬之。此類果樹。大都祇宜生長溫帶中部。略寒略暖。卽有成長不善者。所需土壤。亦大約爲水分少之砂質地。間有喜黏土者。其主要種類。曰桃杏梅李櫻桃。

第一節　桃

桃我國自古處處種之。其實或生食。或製脯。栽培最多處。爲黃河南北近海各省。山東河北江蘇所產尤佳。其種繁多。大都以形狀顏色別之佳種有銀桃、水蜜桃、油桃、蟠桃等銀桃一名六月白形圓色青白肉不黏核實大而味甘。水蜜桃形尖圓。色淡黃而微紅。或鮮紅。味甘漿多且有佳香。油桃形圓而實小果皮鮮紅。肉純白。味極甘。蟠桃又名盤桃、扁桃、白蜜桃等。形扁圓而中凹色淡黃。有紅斑。味甘漿多甚香蓋珍品也。然易受蟲害宜注意栽培

桃

歐美諸國。桃種亦繁。統計之殆有千百種。其爲別之法。或據果肉顏色。區爲黃白紅二類或據離核不離核。區爲離核黏核二類。其佳種最著者。曰六月白 Amsden June 略小於我之水蜜桃。果肉色白而微綠。果皮色深紅。形圓。頂扁。味甘而

黴酸。曰五月白 Brigg's May 極似前種。惟成熟早耳。曰七月白 Early River's 果大。實豐。肉白半離核。七月熟。形圓而尖長。曰柯倫塞早桃 Précoce de Croncel 果小。色紅肉白。味甘而香。七月熟。曰紐英東早桃 Early Newington 似前種。味較劣。八月熟。日本桃種。以離核不離核爲判。其固有之產。皆甚劣不足稱。今其國佳種。大都爲我國種及美國種移植者。我國移植種中。有所謂上海水蜜桃者甚佳。此種樹健果碩。味甘漿多。極可珍也。

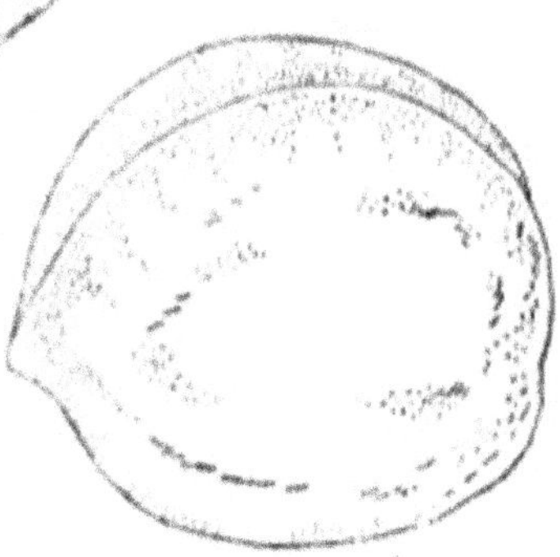

天津水蜜桃

蟠桃

桃喜氣候溫暖。日光直射之所。宜砂質壤土。然不可肥沃。繁殖法以接木爲主。整枝宜用立樹法。亦可用造垣法。修剪宜取強盛之枝繁茂之葉刪之。否則成實少而味不佳。採果視果色鮮明。果肉柔軟時爲之。肥料生長之時宜氮素肥料。成熟之時宜鉀素與磷素肥料。然俱宜薄而不宜濃。疾病有縮葉病黑腐病二種。害蟲有蛅蟖果蠹蟲象鼻蟲等。縮葉病於嫩葉發生時最多。葉受其害則卷縮。葉裏作灰白色。害甚者。能墮果。驅除預防法。於發芽開花前後。灑波爾多液數次。並取被害之葉焚之。

患縮葉病之桃葉

第二節　杏

杏。我國亦自古樹之。其產地與桃相似。而關西所生爲最。種類極少。佳種僅有巴旦杏金杏沙杏三者。巴旦杏一名八擔杏。實小而肉薄。皮薄仁清。味甘。爲我國杏中最佳之種。金杏一名黃杏。又名漢帝杏。實圓大而色深黃。熟最早。味最勝。沙杏、一名水杏。實不甚大。而色微黃。味甘而多汁。

歐美諸國杏種亦不甚繁。其最佳者曰皇家杏 Royal 實大形圓。或扁圓色如橘紅。味極甘。產極豐。曰曾彭早杏 Precoce de Boulbon 實大品優。

樹健熟早。曰摩爾園杏 Moor Park 實大形圓。肉柔汁多。味甘氣馨。是爲中熟種中之最佳者。日本之杏。其國所產無佳種。今之佳種。皆自他國移栽者。

杏性不擇氣候。比較上以清涼處爲宜。土壤最適砂土。礫土砂質壤土次之。此物所宜土壤。視接本而異。大致實生者嗜排水善良肥沃地。桃接者。嗜輕鬆之地。李接者。嗜黏重之地。繁殖法以接木爲主。亦有接芽者。整枝修剪皆如桃。亦可省而不用。肥料宜堆肥、人糞、過磷酸鈣等。收果視其實七八分熟。卽採之。疾病少。害蟲同桃。

第三節　梅

梅我國自古種之。以爲調味之品。今則生食。兼以入藥製脯作醬。本部諸省處處有之。嶺南江左川蜀之間。所種尤多。而吳中所產。則爲最佳。其種雖繁。然以果實別者甚寡。尋常僅分爲大小二種。大者如嬰兒拳。小者如大彈丸而已。

梅爲東方特產。僅我國及日本多種之。我國梅種。普通皆以花別。其種甚繁。若以果實別者。僅有消梅時梅等說。尋常未聞人以此名之也。日本梅種。以果實別者。最佳之種。有肥後梅果大形圓。肉多核小。色淡黃而微赤。有褐色斑紋。成熟最豐。雖波梅養老梅果實俱小於肥後梅。而產果之豐。品質之優。則不相上下。

梅性不擇氣候土壤。繁殖法整枝修剪。俱與桃相似。肥料宜堆肥、人糞、過磷酸鈣等。一年分三次施之。採果於果半熟際。張網樹下。自上搖落。疾病少。重要者。害蟲有蚜蟲、介殼蟲、蛅蟖、避債蟲等。

第四節　李

李。我國自古種之。其實或生食。或為脯。或製醬。南北皆產。北方尤多。浙省桐鄉之醉李最有名。其種大別之為合核、離核、無核三類。復據果實顏色。別為黃紫紅綠各種。種類繁雜。中外皆然。我國辨別之法。除上述外。更有以形味為別者。故其名稱種種不一。隨習俗而異。亦不能知其孰為最佳之種。據載籍相傳。則檇李、御李、均亭李等。是為佳品之最著者。然今均不可考。日本李種最佳者。曰寺田李。形橢圓而尖。果色黃赤。味甘產豐。市成李。形圓而尖。果色暗赤。有褐色斑。品甚優。然成實少而樹不健。陣內李。形圓而大。果色暗赤。有黃色斑。品極優良。惟成實少。歐美諸國之李。其最佳種。則有金李 Coe's Golden Drop 果大。形如卵。色黃。品不甚優。而產最豐。綠李 Green Gage 果大。形圓。色黃綠。品質優。產豐。甘李 Sugar Prune 果大。形如卵。色暗紫。品質中中。味最甘。銀李 Silver Prune 果大。形如卵。色微黃。品質甚佳。

李性不擇氣候。而偏宜寒地。土壤宜砂土、砂質壤土、礫土等。地愈肥則結果愈良。繁殖法以接木爲主。整枝宜立樹設棚二法。修剪執直立主枝。刪去冗枝冗梢。或使擴張橫枝。亦能結實。肥料必須多用磷酸及鉀。少用氮素肥料。收採同桃。且不宜過熟。過熟則易腐。疾病有袋果、葉腫病等。害蟲有蚜蟲、介殼蟲、蛄蟖等。

第五節　櫻桃

櫻桃我國自古有之。南北皆產。多作生食之果。亦有以爲脯者。兼可製醬。種類無幾。皆以顏色別之。大而紅者曰吳櫻桃。黃而白者曰櫻桃。小而赤者曰水櫻桃。櫻桃本亞東特產。惟我國及日本有之。我重實而日本重花。故日無佳種。近年歐美諸國從東方得種後。力加培植改良。因之其種遂遠出東方種上。統分爲甘酸二類。最

櫻桃

佳之種曰愛爾敦 Elton 果大形如心臟色黃赤肉緊汁多而味甘曰達旦黑種 Black Tartarian 同前。惟色紫黑。香高。曰西班牙黃種 Yellow Spanish 果最大。形如心臟。色黃赤。肉緊。味甘。極香。曰那坡崙紅白種 Napoleon Bigarreau 果大。形尖圓。微作黃赤色。曰初夏王 May Duke 果不甚大。形如心臟而短。色赤。肉柔。味酸。曰精選種 Belle de Choisy 果不甚大。形圓。略作黃赤色。肉柔。味酸。

櫻桃之性略似蘋果。最宜砂質壤土。他種土壤亦可種之。惟排水不良者。則不能得佳果。繁殖法以接木爲多。整枝大旨如桃。修剪專去枯枝繁枝。且必不可於夏季爲之。肥料春宜人糞、油粕與木灰、過磷酸鈣合用。秋宜用木灰、堆肥等。果實將熟前再與以稀薄之液肥。則果實成熟美大。採果宜於其未全熟時。連梗摘取。疾病少。害蟲有蛞蝓、避債蟲、介殼蟲等。

第四章　漿果類堅果類

漿果類果實之多汁者也。是類果樹。大都宜於氣候溫暖之所。氣候較寒。夏日溫高者。亦產之堅果類。則果面被有堅殼。非以强力不能脫之者也。此類果樹。大都宜於氣候較爽之地。南土炎鄉。不過濕者。亦能生之。惟果實劣耳。此二類之主要種品。曰葡萄、無花果、栗、胡桃。

第一節　葡萄

葡萄、我國舊無其種。漢時自西域得之。今種遍全國。西北所產尤佳。東南亦間有佳種。或生食。或製爲脯。或以釀酒。分種之法。大都以顏色形狀別之。間亦有以產地爲別者。最佳之種。曰水晶葡萄、馬乳葡萄、紫葡萄、綠葡萄、瑣瑣葡萄等。水晶葡萄。暈色帶白。如著粉。形大而長。味甚甘。今燕趙之間多產之。馬乳葡萄。似水晶葡萄。而色紫。產地同。紫葡萄。色黑。有大小二種。酸甘二味。今直魯之產爲

葡萄

最綠葡萄色碧如綠玉。形圓。味甘。大小頗不等。隴蜀之產爲最。瑣瑣葡萄實小而色淺紫淡碧不一。多生關中及隴蜀之間。今多以製脯。汴洛產者亦佳。雲南產者。獨大如棗。頗不似其種。味尤勝。

葡萄。我國而外。歐美諸國及日本種植亦復甚繁。其佳種。日本有甲州葡萄實大。形橢圓。色淡紫帶白粉。味甘。肉柔皮厚。歐洲有水蜜種 Sweet Water 實中形圓。色青白而微黃。味甘。肉柔。汁多。皮薄。漢堡黑種 Black Hamburg 實大。形圓。色紫黑。味甘。肉較堅。皮薄。瑪蘭格早種 Precoce Maringre 實中形橢圓。色淺黃。皮柔。味甘。皮薄。波爾多黑種 Bordeau Noir 實中。形長。色濃黑。有白粉。皮厚。肉堅。味甘。美洲有玫瑰葡萄 Governer Ross 實大。形橢圓。色黃白。皮薄。肉柔。味甘。微有香氣。青山葡萄 Green Mountain 實中。形圓。色綠白。皮厚。味甘。微香。浙西葡萄 Jessica 實中。形圓。色黃白。肉微堅。味甘。皮薄。甚香。高地葡萄 Highland 實大。形圓。色黑。有白粉。皮薄。肉柔。汁多。味不甚甘。華盛頓葡萄 Lady Washington 實中。形扁圓。色黄綠。有白粉。皮薄。肉柔。味甘。微有香臭。

葡萄嗜溫暖氣候無强風之地。土壤最宜砂土或礫土。若富於腐質之土。則所最忌。繁殖法以扦木壓條爲主。間亦有接本者。整枝宜棚架造垣二法。修剪惟引蔓太長時行之。普通多不用也。肥料宜米糠、人糞、廏肥、酒粕等。於秋冬之候施之。後再量與稀薄肥水爲補肥。收果俟完全成熟時。連蔓剪取。疾病有白點病炭疽病等。害蟲有蛄螄、烏蠋、金龜子、天牛等。

白點病或名白黴病。其始葉及嫩芽有點點白斑如粉。繼漸延及果實。遂令果枯燥堅硬。驅除預防法。開花前後。撒硫黄末數次。既病時。用硫化鉀 Potassium Sulphide 一兩五錢和水一斗灑之。或用波爾多液灑之亦效。

第二節　無花果

無花果。我國種植者亦多。或即生果食之。或作脯製乾。其種無多。亦未聞有佳種足稱者。

無花果一名木饅頭。以小亞細亞所產者爲最。我國之種。是否由其處傳來。抑所自生。今不可考。惟唐以前。我國則無此種。或有而不多。亦未可知。今則南方近熱帶地。多有種者。在他國。亦以近熱帶地所產爲優。其佳種歐美有熱奴亞白種 White Genoa 實大。形如卵。色褐黃。夏果少而秋果多。亞特利亞白種 White Adriatic 實中。形圓。色淺綠。夏秋果俱不多。聖培羅白種 San Pedro White 實大。形圓。色黃綠。肉色微紅。味極甘。夏果甚豐。秋果無。伊斯開黑種 Black Ischia 實小。形圓。色紫黑。肉色深紅。夏秋果均甚豐。突厥紫種 Brown Turkey 實中。形圓。色紫。肉色紅。味極甘。夏秋果均多。加利福尼亞黑種 California Black 實中。形長。色紫黑。夏果少而秋果多。

無花果性好溫暖氣候。比之柑橘。能稍耐寒。不擇土壤。隨處皆可生。惟需濕潤。

繁殖法　接木扦木均常用之。然以扦木爲多。整枝法　僅略去其生長茂密之枝。餘悉任其自然。修剪秋季施之。祇去冗枝而已。肥料宜人糞、木灰、堆肥等。於春秋二季壅之。收果宜於全熟時。疾病少。害蟲有木蠹蟲、介殼蟲等。

第三節　栗及胡桃

栗　我國自古有之。處處自生山野中。間有種之爲林者。其果生熟皆供食。亦間以入肴蔬果餌等。其種雖繁。普通大都以產地名之。最佳者產於燕趙齊魯。次之。我國而外。歐美諸國及日本亦多有之。惟均無特別佳種。普通於便宜上僅別之爲歐洲種、美洲種、亞洲種而已。其品質大抵不相上下也。

栗

栗不擇氣候。而以較寒之地爲宜。

土壤最宜礫土。然他種土壤亦無不生者。特地勢傾斜。則所產良優。繁殖法以實生爲主。亦有用接木法者。第不易成活耳。整枝修剪。均與柿同。惟普通於整枝一事。多不甚注意。即任其自然生長。略加矯正已耳。肥料不需多用。僅秋季落葉後。略施以堆肥、人糞可矣。採取俟其球熟自裂。果實落地時拾取之。疾病少。害蟲有金龜子、象鼻蟲、果蠹蟲、蛅蟖等。

胡桃 我國古無此種。漢時自西域傳來。或入肴蔬。或入餅餌。然普通則以之榨油及爲乾果者多。北方種者最多。南方較少。其種無幾。亦無特別佳種。外國亦甚寡。僅大別之爲厚殼薄殼二大類。厚殼之中。又有尖圓二類。我國薄殼者。相傳謂產北直。名露穰。實亦不盡然。歐美諸國及日本所產。與我

胡桃

正同。卽三者皆有之。初不能加以特別區分也。第歐洲之種。有宜於暖地者。

胡桃性嗜較冷之氣候。不擇土壤。然尤宜於山地。繁殖法同栗。整枝修剪同柹。第普通僅去其枯枝密葉而已。無所謂修整也。肥料亦同栗。採取宜俟完全成熟時。疾病少。害蟲有螟蛉、蛄蟖等。

第五章　果樹採收貯藏法

果樹種類至異。採其果實。亦當視樹種與需用之途而異其時候。不可一律論也。例如欲貯藏者。及將輸送至遠地者。當採之較早。勿俟其全熟。若卽生食者。則於其十分成熟時取之。又雖同一之樹。其果實成熟。亦先後不等。斷不可以一以概其餘。得一熟果。而謂全樹皆已可採。勢必至毀全樹之果而後已。採時宜用梯級足踏之類。登而取之。不可攀援枝梢。或用物擊落。是不惟傷果。亦且傷樹。採取之際。宜就各果之梗。一一摘取或剪取之。不可折斷全枝。採得後。分別形狀、品質、熟度等。各自度之。貯藏時。去其有傷害之果實。排於涼爽之室內二三日。多少蒸發水分然後用新聞紙乾草米糠細砂鋸屑之類使各果不相接觸動搖。則不易腐壞。品質珍貴者。更每果以細紙包裹之。多量貯藏時。則非建貯藏室或冰窖不可。

第四編　花卉栽培法

第一章　花卉

花卉謂芍藥、牡丹、天竺、芭蕉之類。專植之供人玩賞之植物也。是類植物。統分爲花木、宿根、球根、一二年草四大類。栽培法各類不同。第足以娛悅性情。休養精神者爲效則一。故需用亦甚廣。凡居都會附近之農家。能以其餘暇。培植此類植物。以時售之。其獲利與栽培他種植物同。或且較厚。亦未可知。

花卉與他種作物同。亦自野生者栽培改良而得。故採集野生之花草。栽之庭園之中。果能注意管理。亦能成良好之品種。以供玩賞。初不必費金錢求舶來品。始歎爲絕品而滿足也。

培植花卉。所需土壤視花卉種類而異。而大抵則空氣流通排水良善之砂質壤土。無不宜也。繁殖法以實播、分株分根等爲主。有時亦或用壓條扦木等法。然不甚多。花卉既生。則移之盆鉢中。或所欲栽植地。移時宜春秋二季。雨後地表將燥未燥時。樹根必正。培土必週。移栽後。肥料須相宜用之。

花卉之肥料。則人糞尿、豆餅、骨粉、堆肥、灰等皆佳。先以腐熟之堆肥。加豆餅及灰而混和之。然後施於土中。更與土壤充分攪拌後。乃植花其上。若係盆栽則先將混和之肥料加土壤攪拌後。堆積二三日。用時盆底鋪置砂礫。用篩篩泚土於盆中。然後植花。再覆以通常之土壤。面輕輕壓實。花苗成長後。施以液肥。液肥除稀薄之人糞尿外。可以豆餅糠等之浸出液灑之。

花卉種子播種而植者。宜注意勿誤播種時期。種子必選精良母本之成熟者。尤不可逾其發芽力期限。珍貴之品。則用細砂和肥料種之盆中。置溫暖多濕處。且勿令直受日光。本葉既生後。乃移之。分株者。惟宿根草類宜之。未分以前。先用沃土壅其根際。俟新株既出乃分之。分根者。惟鱗莖塊根之植物宜之。

花卉之害蟲甚多。治之之法。除隨時捕殺外。可以藥劑除之。最簡單之方法。即用肥皂二至三錢溶二升之水中或用下等煙草三至五錢浸一升之水中灑之均極有效。

第二章　花木類

花木類凡木本植物之觀賞其花者皆屬之普通如牡丹、薔薇等是也。

第一節　牡丹

牡丹原產我國向稱爲百花之王其豔麗亦可想見種類極多概忌炎熱多濕之地耐寒喜乾。繁殖法用接木法其本木用下等之牡丹或芍藥之根接木之期通例在九月間播種而生者六七年後始能開花故不多行牡丹亦可行分株法於秋季分離其根際發生之芽便可。

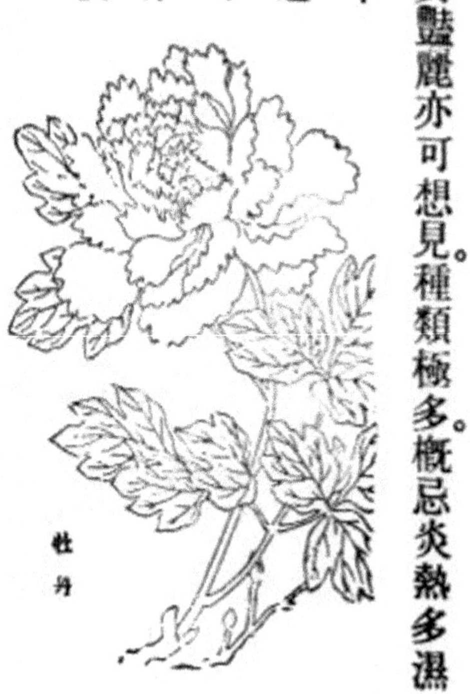

牡丹

植牡丹時先於地上築數寸高之花壇、每隔三尺處、掘一小穴。塡以基肥。每穴移植一株。移植之期。以九月中旬至十一月初旬爲適開花時須設簾避日。花後卽施以液肥一回。爾後夏秋各施肥一次至開花前再施液肥一次、以促其發芽。夏日炎熱時。須十分灌水。開花時亦然。花落後、剪去花梗。勿令結子。則明年發生自盛。冬季須以蔓草等包紮以防寒害。蟲害較少。病害有立枯病。爲害較烈宜於春季除去其病芽病枝。更撒以藥劑。

第二節　薔薇

薔薇歐美目爲花之女王。栽者甚盛。其種類甚多。繁殖之法有播種、插木、壓條、接木等播種者採其果實。埋置土中。於春三四月。掘出洗淨播於苗牀。須三四年而開花。插木者春秋

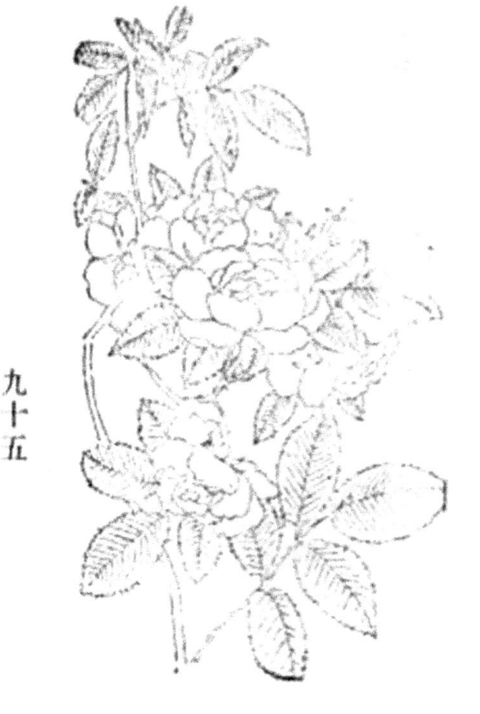

二季。均可行之。切取枝條尺許。插苗牀中。深三四寸。約四十日卽可發根。接木行者最多。有插接芽接二法。二三月或八九月頃。均可行之。

薔薇須植鉢中或花壇中。蔓性者須爲作架。栽植之地。須肥沃而排水良好之壤土。植時掘方三尺深尺許之穴。壅以腐熟之廏肥、骨粉灰等。與土壤十分混和。擴苗根其上。覆土後輕輕鎭壓。幹長者更立支柱以扶之。迨後乾燥時。則適宜灌水。寒地則設防霜之具。此後每年春季。適宜施肥卽可。

薔薇須行修剪。通例於三四月頃。去其枯枝舊枝。勢弱之枝則短剪之。蔓性者可引枝使纏於籬笆亭屋之上。其冗枝無用者均宜剪去。則開花自能美大。蟲害有青蟲等。宜捕殺之。病害則有銹病白斑病等。可將病葉燒去。或以硫黃華三消石灰一之混合物。於朝露未乾時撒之。

第三章 宿根草類

宿根草類者。種植之後。只須年年肥培管理。便能發芽開花。蓋其根宿存土中。

能自行發生新芽而成長也。普通如菊鈴蘭等是也。

第一節　菊

菊為秋日名花。栽培之廣遍世界各地。故其種類亦極繁雜。菊花喜肥沃之土壤。繁殖法有分株、插木、接木、播種、四法。分株者將根部發生之嫩芽分離栽植之

是也。其時期自十一月末至翌年三四月頃均可分離。嫩芽先植苗床中。冬季覆草蓆等以防寒。至五月上旬即可移植。插木者。於六月上旬截菊枝長二三寸者。埋細砂中。即能生根發芽。又有葉插者。以菊花之葉埋砂中。亦能成長。如是所得之苗。先植小鉢中。再移至大盆中。盆中先入肥料土壤混和之肥土。然後移苗其上。置日蔭中二三日。以防萎凋。接木亦六七月間行之。以插接為多。接

後十日乃至半月。卽可黏着。播種之法。行者甚少。僅欲得新品種時行之。於三四月頃。播於苗牀。經二三星期而發芽。至生葉五六枚時。乃行移植。移植後之菊花。每年一、四七月各施液肥一次。九月頃再施一次。期其開花暢盛。

菊花欲令開大形或多數之花。須行摘心摘芽。欲增花數者。於苗移植後。殘葉四枚而摘之。葉腋新芽發生。各殘二三葉摘之。如是反覆摘心而枝數卽隨之增加。至生長至一定高度後。停止摘心。然此後葉腋發生之芽。仍摘去勿留。其後花蕾漸顯。每枝只殘其頂端之蕾。餘均摘去。如是每菊一株。有枝二十餘。開花二十餘。甚爲美觀。若欲得大形之花。則每菊一株。只令開花三四朶或竟只開一朶。卽於第一回摘心後之腋芽中。留其强健之芽一個。此後盡摘發生之腋芽。至生蕾時。只留一蕾。則開花可以特大。

菊花在開花時。須設遮蔽。則花色美麗。生育亦久。菊花害蟲甚多。宜捕殺或用藥劑。病害有銹病。須燒棄病葉。更令當日光。或以筆蘸藥劑洗之。則爲害自少。

第二節　鈴蘭

鈴蘭稱爲花中君子。自生山野。芳香幽雅。極爲可貴。其花連綴花梗。狀如鐘鈴。故名。爲矮性之植物。高不過八九寸。葉二三枚自地下之根莖發生。繁殖法普通卽採掘其根莖而分割之。分割時每塊須各留發芽點 crown。分後植於盆中。有溫室則可促進開花而供冬期觀賞。植於花壇者。每隔半尺許。掘穴施肥。栽其上卽可。夏季須避强光。且須注意灌水勿令乾燥。

第四章　球根類

球根類之花卉。其地下有球狀之根或莖。一般均喜肥沃稍乾燥之土質。施肥之法。均先掘穴而埋於穴底。惟須用腐熟之肥料。新鮮者易致球根腐敗。栽植之期。春花者秋植。夏秋開花者春植。開花後莖葉枯凋。卽須掘起。置於通風之處。乾燥二三日。然後貯藏。貯藏時或用箱貯砂。埋置其中。或於雨露不及之處。掘地埋藏。總須乾燥而溫度少變化之處爲上。

球根類每年常有許多之小球。新生於舊根之近所。即可用以繁殖。其有鱗片珠芽者。亦可供繁殖之用。他如播種或分割根莖。均可發生新株。

球根類之開花期。可以人工促進之。即增高溫度是也。然一旦經此作用者。每須二三年肥培。始能恢復。故須斟酌而行之。

第一節　水仙

水仙吾國栽之已久。品種極夥。栽培之法。九十月頃。先掘七寸許之穴。埋以肥料。覆土稍厚。以其鱗莖。植地下三寸許處。肥料與鱗莖隔離須稍遠。否則易致腐敗。水仙耐寒之力較強。非酷寒之地。可無防寒設備。開花前施用稀薄肥水一二回。濃厚者反爲有害。

水仙開花後。勿令結實。其後莖葉枯凋。掘起鱗莖。乾燥貯藏之。惟留置土中亦無不可。水仙可以水植。即於冬季植於淺盆中。注水以石子木屑等扶之。免其倒轉。至春初便能開花。又於六、七月間。以薄肥水浸二日取出。曬乾懸暖處。九、十月間。用廄肥拌土種之。日灌肥水。花時葉茂花長。若祇埋肥土內而不浸懸。則葉長花短。十二月入盆後。日曬夜藏。則花頭高出葉上。且必須遮護。不見霜雪。起土時宜注意勿傷鱗莖。

第二節　風信子

風信子俗稱洋水仙。原產荷蘭。亦可栽植水中。顏色有青紅紫白黃各種。花瓣有單重二類。品種甚夥。風信子秋日生根。春日發芽。故欲求開花之美大。則須使根之發育良好。因而種植不可誤期。普通於九十月頃植之。擇排水良好之土壤。掘六寸之穴。入以肥料。覆土三寸許。然後植之。株距約五寸許。開花之前。施用稀薄液肥二三回。至花後亦勿令結實。則球根肥大。翌年開花良好。六七月頃。莖葉枯凋。則掘取球根。乾燥貯藏。與他者同。

第五章　一二年草類

一二年草類其生育期限。不過一二年。故須年年從新播種。其栽培之難易。由種類而不同。種子之發芽有極難者。故須先播苗牀。再行移植。其他管理一切均須注意。

第一節　牽牛子

牽牛子吾國到處栽之。野生者甚多。惟易成雜種。故現今栽培之品種。亦日益新奇。花葉之形狀。千變萬化。可稱花草中變種最多之種矣。

牽牛原產熱帶。故好溫暖之氣候。栽培之法。擇排水良好之地。於五月頃。闢苗牀播種。先篩細土三四寸。然後播種。播種後。更篩土二三分。以噴壺注水。覆以稾草。發芽後則除去之。欲促種子之發芽。可稍剝種子之外皮。如是播下者。三四日卽發芽。牽牛有播於盆中者。其方法略同。

牽牛子

種子發芽、子葉開展後、速卽移植爲要、遲則傷根、而發育不良、掘出之苗、移植於預備之盆中。充分灌水。灌水之法。用噴壺灑之。或將盆底浸入水中。移植之時。以陰天或午後爲佳。

牽牛子之肥料。用菜油粕、豆餅者爲多。使用時以粕一升。浸水一斗中。數日後粕類腐敗。含有之養分浸出。卽取其澄淸之液。和水四五倍施之。

牽牛子既漸生長。須立支柱。支柱可紮成種種形狀。或合纏繞籬笆牆垣上亦可。每日午前十時頃。將已開之花摘除。防其結實。並免落花之有傷觀瞻也。

第二節　鷄冠

鷄冠象形之名。其種類亦甚多。普通培栽者有鷄冠。老鎗穀、雁來紅等。栽培管理極其容易。於春三四月頃。播種苗

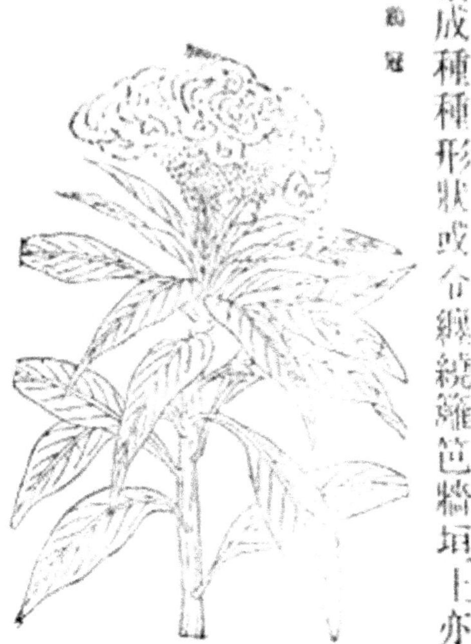

鷄冠

牀。或直播園地。薄被以土。或不覆土。而以藁草覆之。以防種子乾燥。發芽後。除去藁草。至苗長三四寸時移植。肥料用腐熟堆肥與土壤混和者。留於盆或穴底。成長中。再施液肥一二次。則發育尤佳。

附 蔬菜果樹栽培一覽表

蔬菜

作物名稱	繁殖法：播種期	繁殖法：播種法	繁殖法：播種地	繁殖法：畦距	繁殖法：株距	管理法：肥料	管理法：中耕除草等	收穫期	備考
白菜	隨時可播八九月最多	條播	本圃	一尺至二尺不等	五六寸至二尺	堆肥餅肥人糞磷肥等	中耕補肥各數次	秋種者十月至十一月	地愈沃愈茂
甘藍	三四月 九十月	條播 撒播	冷牀	二三尺	二三尺	堆肥餅肥豆粕人糞灰等	中耕補肥各數次	六七月 十二月	忌連栽假植須在暖地
菠菜	三四月 九十月	條播	本圃	一二尺	六七寸	堆肥餅肥人糞等	疎行補肥各數次	夏秋冬春之間	喜砂質壤土
萵苣	三四月 六七月 九十月	條播	冷牀 本圃	一二尺	一尺內外	堆肥餅肥人糞等	中耕除草補肥各數次	栽培後約二月	灌溉需時否則枯死

芹	芥	葱	韭	蘿蔔	蕪菁
三四月九十月	三四月九十月	三四月九十月	三四月八九月	三四月八九月	三四月八九月
撒播	條播	條播	撒播	點種條播	點種條播
本圃冷牀	冷牀	冷牀	冷牀溫牀	本圃	本圃
二三尺(旱芹)	一二尺	二三尺	一二尺	二三尺	二三尺
八九寸(旱芹)	一尺內外	二三寸	五六寸	一二尺	五六寸至一二寸
堆肥人糞等	堆肥人糞草木灰等	堆肥廐肥人糞草木灰等	堆肥人糞草木灰等或用發熱肥料	堆肥人糞糠粃豆粕過磷酸鈣等	同蘿蔔
中耕除草一二次旱芹更須隨時培土	中耕補肥一二次	補肥培土各數次	補肥二三次	數次疏行除草量與補肥加土培壅	同蘿蔔惟加土培壅祇限於大種
十月十一月	七八月正二月	六月十二月	苗長二三寸後隨時可割	栽後約二月苗長三四指時便可拔食	栽後約隔一月
喜溼易受旱害	作蔬者宜摘心否則味劣	砂土過燥者不宜圓葱較長葱尤需注意	舊根分栽勝於佈種	五六七月種者爲夏蘿蔔味尤美	性耐寒嗜輕鬆壤土

胡蘿蔔	甘藷	山藥	馬鈴薯	百合	薑
六七八月	自三四月至八九月	二三月	三四月八九月	三四月六月八九月	四五月
條播點播撒播	養苗苗牀苗成移植	分根點種果實亦可	點播	點播扦插	點播
本圃	溫牀冷牀	本圃	本圃	冷牀	本圃
二三尺	二三尺	二三尺	二三尺	一二尺	一二尺
一二尺	一二尺	二三尺	一二尺	四五寸至一尺	一尺內外
堆肥人糞木灰糠粃磷肥等	堆肥草木灰等	堆肥人糞草木灰等	堆肥木灰磷肥等	豆粕草木灰糠粃堆肥蠶沙等	豆粕禽糞堆肥魚肥等
同蘿蔔勤溉灌	隨時除草相宜中耕翻蔓	栽後頻澆相宜補肥除草	中耕需頻隨時加土培壅施以補肥	隨時摘花梗球芽	新芽發後中耕二三次夏日防日光直射
九十十一十二月	九十月	逾年可收三年乃大	六七月十一月	夏秋隨種而異	九十月
生四五葉時疏行	收穫不可逾冬至逾則凍腐	澆水不宜太多土地忌過溼	不摘花梗則根不肥大	肥料忌用人糞	忌連作隔年栽易肥大

西瓜	甜瓜	黃瓜	冬瓜	南瓜
四五月	四五月	三四月	三四月	三四五月
點播	點播	撒播 條播	點播	撒播 條播
本圃 苗牀	本圃 苗牀	冷牀 溫牀	溫牀	溫牀
六七尺	五六尺	一二尺 三四尺	六七尺	六七尺
四五尺	二三尺	一二尺	四五尺	三四尺
堆肥油粕人糞灰磷肥等	堆肥油粕人糞灰磷肥等	堆肥油粕人糞草木灰磷肥等	堆肥油粕人糞草木灰磷肥等	堆肥油粕人糞草木灰磷肥等
中耕除草各數次酌施補肥發芽後即疏行摘心	中耕除草各數次酌施補肥發芽後即疏行摘心	中耕除草相時爲之酌施補肥成長後或摘心或否	中耕除草相時爲之酌施補肥移栽前摘心勤澆	中耕除草相時爲之酌施補肥摘心
七八月	七八月	五六月	七八月	七八月
忌熟地	忌連栽	勤澆年一易地栽則茂耘時傷根則瓜苦採時動蔓則瓜銹	宜陰地瓜著地則銹	連年栽種一地則瓜年見其小

絲瓜	三四月	點播條播	溫牀本圃	三四尺	二三尺	堆肥油粕人糞草木灰磷肥等	中耕除草相時爲之酌施補肥	七八月	宜陰地收穫用者宜待老熟後採取
瓠子	三四五月	點播	苗牀本圃	五六尺	四五尺	堆肥油粕人糞草木灰磷肥等	中耕除草各數次酌施補肥發芽後即疏行摘心	八九月	將成實時不結棚架者須以草藉之則實不損
茄子	三四月	條播撒播	溫牀	二三尺	二三尺	堆肥油粕草木灰磷肥等	中耕除草補肥各數次	七八月	忌連栽淡氣肥料不可過量
番椒	三四月	撒播條播	冷牀溫牀	三尺許	一尺內外	堆肥人糞草木灰等	中耕除草補肥各數次	八九月	性最畏寒秧苗尤甚

果樹

名稱	相宜之土壤氣候	繁殖法及繁殖時	接本種類	栽種距離	收穫期
蘋果	宜砂質壤土或礫質壤土氣候宜較寒煖處亦可生惟過寒過煖則非所宜	割接三月接芽九月	山梨林檎棠梨木瓜實生苗	每畝約種十株至二十株內外	七月至十一月

枇杷	嗜溫煖氣候宜砂質壤土	割接三四月	實生苗榲桲	每株相距方丈內外至二方尺	六月
梨	所嗜氣候較蘋果略煖宜砂質壤土	割接三四月接芽七八月	山梨榲桲桑實生苗	每畝約樹百株至百五十株	八月至十一月
柹	我國本部諸省皆可種第比較上得氣候溫和排水良善之壤土種之成長尤佳	割接四月中下旬	實生苗君遷子	每畝約樹十株至十五株	九十月
石榴	不喜寒冷氣候宜礫質黏土與壤土混合之土壤	插木壓條二月至七月		每株所須之地約方六尺至一丈	九十月
柑橘類	宜溫煖氣候	割接三四五月插木壓條六七月	枳柚橘柑橙	每株所須之地約方一二丈	十月至來年四五月不等
桃	宜溫煖氣候砂質壤土	割接三月接芽八九月	巴旦杏杏李實生苗	每株約須地方一二丈	七八月

杏	宜溫煖氣候輕鬆土壤	接木 扦木	巴旦杏桃實生苗	其始每株相距約一丈至一丈五尺纔再遠離數尺	八月
梅	不擇氣候土壤	割接三月及實生	桃李杏實生苗	每株約需地方二三丈	六七月
李	喜較冷之氣候及黏質壤土	接木	巴旦杏桃實生苗	每株約需地方一二丈	八月
櫻桃	宜於寒地排水善之砂質壤土	接木	山櫻	每株相距約二三丈	六七月
葡萄	宜排水善之砂質壤土溫煖氣候而無強風	壓條春秋割接三四月扦條	山葡萄桑	每畝約樹二十株至百株	八月
無花果	宜不甚寒冷之地土壤宜石灰質土而濕潤者	扦木九月壓條七月		每株約需地方一丈內外	八月

栗	不擇氣候土壤最宜礫土	割接四月 實生二三月	栗	每畝約樹二十株上下	九月
胡桃	不擇土壤最宜較寒之氣候	實生接木		每株相距約二丈至四丈	九月

中華民國十五年三月初版

中華民國二十二年七月[illegible]第一版

中華民國二十三年八月[illegible]第六版

（一一八八）

初級農業學校教科書 園藝學 一冊

每冊定價大洋肆角

外埠酌加運費匯費

編纂者 劉大紳

增訂者 裴厥民

發行兼印刷者 商務印書館 上海河南路

發行所 商務印書館 上海及各埠

中B八七〇

園藝一斑

盧壽籛 編

中華書局
民國二十五年

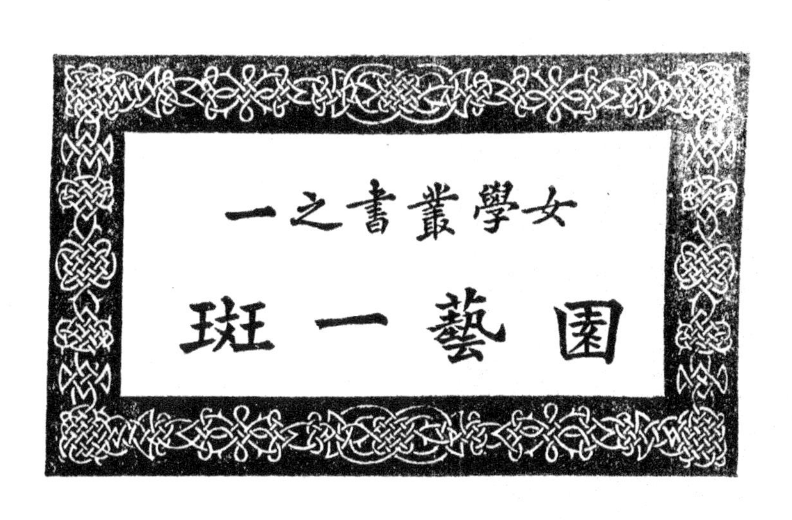

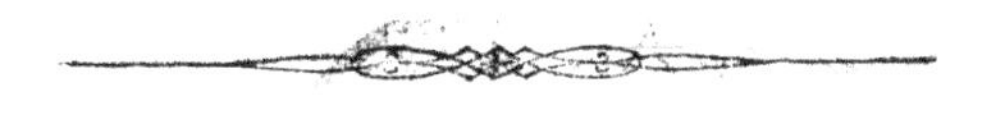

上海
中華書局印行

例言

一、園藝分實用與娛樂二種。本書爲切於婦女之用。故專重娛樂。不言實用。

二、本書總論之後。分上下兩編。上編言花卉園藝。下編言盆栽園藝。皆折衷學理與實驗二者而應用之。

三、本書說理不涉艱深。舉例務求淺顯。期適合家庭園藝之用且令閱者生高尚優美之興趣。

四、本書於說理之外。附以最精緻最明顯之插圖。俾閱者可按圖索驥。易於仿行。

女學叢書之一 園藝一斑

目錄

女學叢書之一

園藝一斑

總論

園藝學者。卽培養蔬菜、果樹、花卉、盆栽、等之學問也。此諸種園藝作物。培養時至宜注意。較之栽培普通農作物。其操作之疎密。自不可同日而語。蓋園藝一道。含學術與技術二者。彼此互相助長。則園藝開發之基。殆植於是。苟非然者。雖有極新學說。而無良好技術以行之。終亦不能得善果。故園藝之功用。必得精良之技術以發揮。若專重理論。仍無補於事實也。

園藝學之進步。如何而致乎。太古蒙昧之民。無知無識。除煖衣飽食外。他無所求。故對於一切美之觀念。味之嗜好。絲毫不動於中。迨後世運漸開。人智愈啟。含生負氣之倫。漸羣趨於愉樂之途。唯可以供愉樂之材料甚夥。園藝作物。其一種也。徒言愉樂。而不務實用。則難免傷資耗財。玩物喪志之弊。園藝一道。能於愉樂之中。尤含有實用之益。故人咸呼園藝作物爲文明生產物。信不誣矣。

今諸種園藝作物。既隨人文開發之後。相繼產出。故人文進步之國。其園藝無不進步。在昔人文未啟時代。非不知以果樹與蔬菜。供人生之食用。但彼於品質之良否。在所不計。唯求至一定時間。俟其自然成熟。取而食之而已。今則珍品奇種。層見疊出。悉隨己之所欲。而育成之。上述園藝作物。為文明產物者。當為一般人士所首肯矣。

園藝之利益。非常之多。自其種類上言之。可分為實用與娛樂二者。蔬菜果樹。切於實用者也。花卉盆栽。富於趣味者也。前者為實用的園藝。一般人既從事於此。無論為主業。為副業。皆有利益可獲。而後者為娛樂的園藝。最適於家庭之業務。婦人稚子。皆優為之。且高尚清潔。優美諸美德。皆寓於此中焉。

夫人生最難得者。為家庭之平和。欲家庭之平和。不可不注意家庭之娛樂。若音樂。若鬪球。若觀劇。雖有娛樂。實際然無生產價值。不如趨重園藝。俾家庭之間。人人賞高尚之趣味。得無限之實益。與養蜂養雞等。家庭副業同一收效。亦計之得者也。

或曰上流社會之家庭。其注重園藝。并非抱獲利目的。不過於住宅以外。留三弓之地。栽花種樹。藉供娛樂。不知無形之中。獲益非淺。家人婦子。賴是以養成高尙勤勉之習慣。有非言語可以形容者矣。

不獨此也。凡居都會之人家。平時購蔬菜與果實。大都非新鮮物品。不若於家庭中自行栽植。春賞其華。秋擷其實。寓實益於愉樂之中。乃可謂之眞愉樂。乃可謂之眞利益。況當天氣晴和之候。或獨自散步於園中。或舉家團坐於草地。享家庭園藝之樂。誠人生無上之幸福。欲作成良好家庭者。盍亦於此道加之意乎。

上編　花卉園藝

花園及花壇　花園務設於住宅之旁。以庭園一隅當之。最爲普通。園中所栽培之花卉。或植於盆。或植於地。盆可幷列架上。或置之庭石上。或移入溫室中。處置極爲便利。唯置盆於地面。降雨時盆易爲土所汚。且蚯蚓鑽入盆內。足爲花害。不如設二層或三層之矮架。面南而置於透光通風之處。最忌置於樹蔭之下。此外有不植於盆。而植於地下。最有趣味者。卽花壇是也。花壇之布置。有種種方法。俟下詳言之。

先言花園。花園有大小公私之別。總以能發揮自然之美。而善於變化者爲佳。例如於園內適宜之處。植以常綠樹。（對於落葉樹而言。）四時常綠。至翌春新葉成育後。舊葉始落。如赤松。杉。山茶。之類。）或造成灌木叢之綠園。（所謂灌木者。乃對於喬木而言。卽不甚長之木本。其主幹不明。且多生枝於近地面之部。如茶。躑躅。迎春花。胡枝子之類。）或造成草地。或於牆壁及其他建物上。點綴以纏繞性之花卉。皆必要之事也。

又設花園時。必注意於草地及通路。以定其區劃。使整然有序。儼如名家之畫。鈎心鬭角。別出心裁。不留一點俗氣乃可。通路之方向。以曲線表之最爲美觀。通路愈曲。則趣味愈深。若沿牆壁所成之狹長花園。僅留一直路卽可。

因花園之造法。本由各人思想而變化。次舉數例以爲參證。

茲舉最簡單之一例。如(1)圖中之（甲）爲卵圓形或橢圓形之花壇。四面以通路圍之。通路敷以細砂。花壇中所應植之花木。按時不同。其邊緣栽多年性之矮植物。（乙）處界以短垣。配置一年性或多年性之花卉。其稍完備者。如(2)圖。四圍草地。如鋪錦茵。中設花壇。絢爛奪目。中央之（甲）係一長圓形花壇。其前後左右。隨意作成四個半月形之

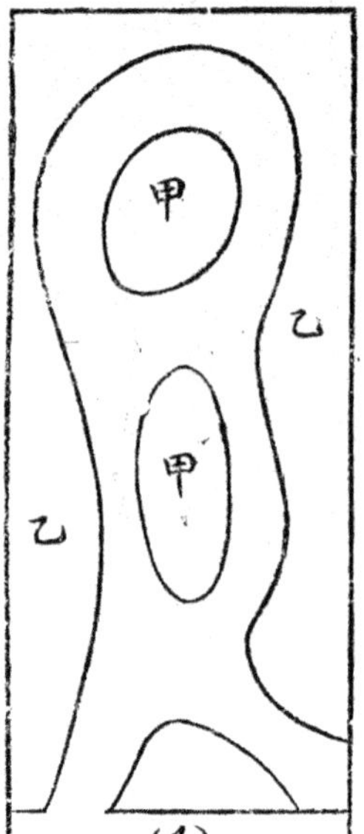

甲　甲　乙　乙

(1)

花壇。卽(2)圖中之（乙）。其中栽植四時花木。順序開花。繼續不斷。沿周圍牆壁之空地。植以耐冬性之灌木類宿根草及一年草類。若折衷於(1)(2)二者之間。則如(3)圖其通路比(2)爲曲。較有趣味。其大部分爲草地。具有各種形態之花壇。春夏秋冬。花木常茂。其通路與園牆間之空地。以及花園之四隅。均植以灌木類。務使其翠蓋與花色相調和。以作花壇之背景。倍增美觀。其餘空處。則以宿根草球根類及一年草配置之。至如(4)圖爲應用幾何的學理。而定出此區劃者。最有思想。且甚美觀。居於都會之人家。宜適用之。依此方式。則花壇劃出甚多。可植各種花卉。其大體之平面圖如(4)所示。（甲）爲花園之門。其兩側植以裝飾用之灌木。園中各處小圓點。同樣植以裝飾用之灌木。以示有所區別。（乙）爲沿牆所成之通路（丙）與（丁）爲草地。上方之四花壇。各以良種之薔薇麝香撫子和蘭石竹或其他灌木類植之。使之爭芳鬬姸。各呈美麗之觀。其下方之六

(2)

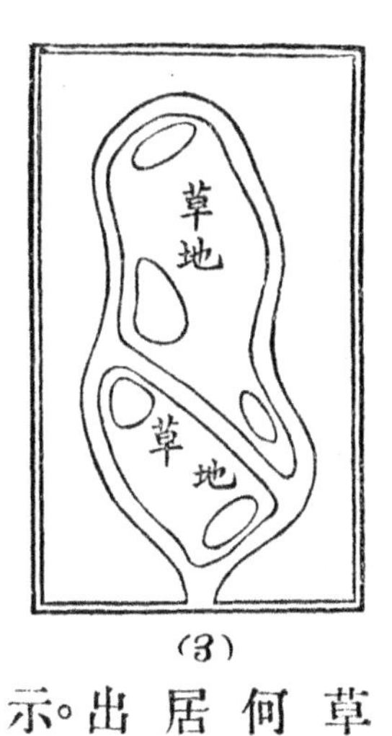

(3)

花壇。植以球根類。或一年性之草花。更植觀賞樹木一對。最下部波形之線。為灌木之略符號。但牆壁中宜以種種纏繞性之植物聯絡之。始無缺憾也。

次言花壇。花壇之目的。不外觀賞與裝飾二者。於園內適宜之處。選出一定區劃。或為橢圓形。或為圓形。或為卵圓形。或為楯形。即於其處植以一時的花卉。使競逞其絢爛豔冶之美。且輔以曲折之通路。青青之草地。而後美乃益彰。最普通之花壇。概比地面高五六寸。先隨意區分其地形。掘深三尺。敷以碎石或瓦片。約厚一尺。使便於排水。其上加培養土約高六七寸。用器鎮壓表面。所謂養土者。即壞土腐葉土與少量河砂及腐熟之肥料相合而成者也。肥料多用馬糞。輕鬆之地。亦可用牛糞。又分植花卉一年二次。均可分為春花壇與夏花壇二種。春花壇以植耐冬性之球根植物。為主。夏花壇以利用春花壇為主。若就栽培方法言之。可區為數種名稱如左。

其一彩色花壇　於庭之一面。栽以雜花。參伍錯綜。非不彩色斐然。但茲所謂彩色花壇者。乃單純而有秩序之方法也。例如取赤青紫黃白以及其他各色之花。按次栽植。分別種類。擇其開花期相同者。集於一處。使有均等之勢。又按花之高低疏密。以爲一定配合。尤有應注意者。則當設彩色花壇之際。開花期既取其同。而彩色之區劃。亦不可不井然有序。如赤白相鄰。紫紅相接。在理有所不可。苟不注意。則紫色之中。或間以紅花一輪。白花之中。或綴以黃花一朵。此斷不可以爲法也。又花與花相去過遠。有損美觀。故以密植爲上。

季節花壇圖

其二季節花壇　花開本有定時。如春之菫菜。秋之雞冠。皆不可互相顚倒者也。圖中示季節花壇。區劃整然。分植四季之花。中植常綠灌木。

其三金字塔花壇　歐美人於普通牆壁之旁。或沿道路之旁。多應用此

式。其近於牆壁之處。植稍高之花卉。順次至前面漸低。若在廣場中。則中央高。兩側低。遠見之似成一三角形。故有金字塔之稱。

其四絨氈形花壇 行此法時。各色之配合。不可不煞費苦心。或作梅花形。或作錨形。其先必繪一圖。使其顏色調和。所用絨氈形之花。則一律取其橫生而低者。例如取堇菜菊等。其四圍植以鬱金香之稍高者。以增其興味。各種花卉。雖宜密植。但距花壇邊緣。須有五六寸。過近。則反損風致。其四邊所植鬱金香之高者。約距四五寸至七八寸。因稍疎則可添風致。若花姿過高。如美人蕉之類。高下不稱。最忌用之。

當設此花壇時。宜選擇透光之廣場。不宜近於樹蔭或樹木之近傍。迨相地既定。乃繼以耕耘。加以肥料。（但不熟之堆肥切不可用宜以腐熟之堆肥與人造肥料調合之）按圖之位置。密植以花卉。時時灌水。花色日增。其周圍之草。注意翦裁。顏色鮮明。當與絨氈相似。例如中間爲一大圓形。植以白色。或紫色之花。其外側狹處。植以紫色。或黃色之花。務使其模樣與絨氈無別。此所以稱爲絨氈形花壇也。

草

地之布置。亦花園中所宜計及者。欲設草地。其先必下種子。且宜擇易於排水常受日光之處。土質以坏土爲貴。地面不平。則耕去其石礫木片瓦片木根之類。春秋皆可下種。唯下種之日。須日暖無風。播種法用撒播。種子小者。加砂和之。地積較狹之處。可以手撒種。廣闊之處。可用播種器。草種卽用牧草之種子。如禾本科荳科菊科皆可。就中仍以屬於禾本科者爲主。

花園之通路。不可不完全。通路不完全之花園。非特有損美觀。且操作亦不便。所謂完全之通路者。乃一年中皆乾燥堅實且平滑者也。如上所述。通路之直者。不如曲者之佳。已爲吾人所知。但旣用直路。須較狹路爲闊。在通常之小花園。曲路概闊五尺。直路須闊六尺至八尺。次將設置通路時必要之三條件。試分述之。

一、削去兩側之土使中間凸出

二、處處通行無礙且宜設貯水槽

三、表面以石礫敷之

最完全之方法。地面下須鋪磚或石。厚至八寸或二尺二寸。其上敷以石礫。圖中示者。卽設置通路時一定之方法也。假定設五尺闊之通路。先於其地面掘下九寸。更於其兩側掘下九寸。使深一尺八寸。中央較兩側高九寸。而

敷設通路之圖

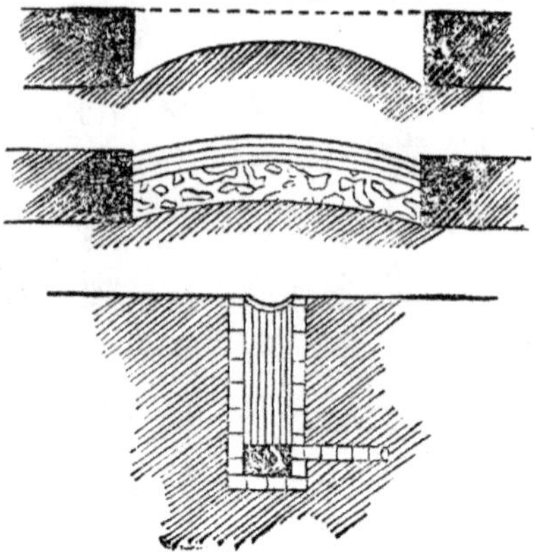

成凸形。卽於其處下部。幷列磚瓦或石礫。鋪細砂於上面。更塗以柏油或石炭精。

通路最深之處。宜設水槽。其構造之法。大都疊磚瓦於地下。中設排水管。上嵌格子形之鐵板於地表。但花園中通路。所用者。比馬路上所設者。稍大。

地表所以塗柏油或石炭精者。欲其不生雜草也。苟不塗柏油或石炭精。必生雜草。有損花園之美觀。草既生矣。宜於未繁殖時。卽拔去之。外國用種種藥物爲除草劑。最便之法。莫如以食鹽一磅開水二升五合。俟其溶解。擇晴日撒布地面。卽不生雜草。

有於花園四周。另劃一區。植以多年性之樹木者。若行此法。雖閱數年。不修翦其樹木亦可。如以黃楊一種。植於花園邊緣。歐美各國。恆取以供觀賞之用。卽隔五六年。不修翦。亦屬無妨。因其樹生長極緩。每年不過伸長一寸。若每年修翦一次尤佳。

花卉之繁殖法。　此法分實生壓條分殖插木接木五種。就中以行接木法者爲較少。故不述及。

實生法　此法卽由播種而得苗木之法。唯播種時務擇十分成熟形大而正且新鮮之種子。然有時欲得牽牛花之變種。亦選不甚成熟者用之。採收花種時。宜不使與他種混和。於晴日中採之。曝於日光。俟乾冷後。藏入室內之乾燥處。

播種時有先播於牀地者。有直接播於園地者。又有播於盆中者。要之草花之種子。旣極微細。不如先播於牀地。而後移入盆中或花壇爲佳。牀地位置。務多受陽光。耕耘以後。更篩細土於其上。闊約三尺。長無定。地面宜稍斜向南方。初注入人糞尿於其地。再撒布極細堆肥。（最精細之法有以油粕汁注入者）於肥料之上。且加細土二三寸。平其表面。然後乃可播種。

播種旣畢。上掩沃土。以適於供給種子之水分及空氣者爲主。可知大種子之表面。加土必多。小種子之表面。加土必淺。

若爲極細種子。可不必加土。卽以板壓平地面。加切細之稻草於其上。或用乾燥馬糞亦可。時時噴以如霧之水。則雙葉自漸生出。

若最貴重且微細之種子。不必播於牀地。以播於盆中爲妥。以盆之爲物可取出以受日光。又取入以避風雨。又可置入水桶中。以吸收水分故也。盆之口徑。約爲四寸。以陶器爲宜。（用木箱亦可）下底墊以磚瓦。入以炭屑。俾易排水。其上以壤土與腐葉土等量混和之。平其表面。卽可播種。播種後上加薄砂。置於温處。（不宜直向日光以之置於玻璃温室中最宜）時時注水。旋卽發芽。至生三四葉時。可移植他盆。防其過密。

壓條法　此法以完全發育之枝曲之壓入土中。俟此處發芽後。卽用爲苗木。但草花不適用此法。

分殖法　草花以分根株爲主

插木法　此法之中。又有肉插、割插、埋插、及葉插等法。欲實行之。須擇極良好之插穗。然設備。牀地亦爲必要。牀地宜取温處。耕後成三尺高之畦。其位置稍斜向南方。表面復加以鎮壓。下置赤土二三寸。上加乾黑色土坏約一寸。達於一定高度。插苗之日。擇陰暗天氣。自午後九時至十時行之。操作既終。其上張以蘆箔。距地高約二三尺。以避日光直射。牀地不可使之乾燥。

花草。類。之。貴。重。者。插之。於。盆。爲。最。妥。盆用粗製陶器。口徑約五六寸許。盆底有孔。覆以瓦片。便於排水。用細砂六分。與篩過之肥土混合。插木其中。移於日光不直射之温室。時時注水。經三四日可移出。

人工媒助法

原來各種植物。皆可隨人意向以作成各種不同之珍品。美國。有。無。核之。桃。無刺。之。仙。人。掌。皆由人。工作。成。者。也。如草。花。類。之。花。色。與。花。容。更可。隨。意。改。變。其理。甚。明。今世。界。進。化。人類。嗜。好。逐漸。進。步。故草。花。類。之。變。態。亦應。層。出。不。窮。由是。而。人。工。媒。助。法。雜。交。生。焉。所謂。人。工。媒。助。法。者。即取。各。種。相。異。之。花。取其。優。點而捨。其。劣。點。使更。作。成。一。種。極。良之。花。其詳法即取二種相異植物。（先已知其種類作一記號使易於別認）其一當未開花前。靜啟其花瓣。切取其雄蕊後。仍舊閉其瓣而置之。其他一花。則靜置不稍動。聽其自然開花。俟兩花齊開時。將已切去雄蕊之花。用紙袋覆之。袋上塗以蠟。復將其他一花雄蕊之花粉用筆尖蘸之。取其花粉。塗於覆袋之花之雌蕊上。塗後仍以袋覆之。如是經數日後。覆袋之花。已經受胎。取去其袋。做一記號。於此花之上。至全熟時採取其種。翌年更如法行之。幾經淘汰。則兩。花。之。優。點。存。而。劣。點。去。終可。得。已。所。希。望。之。美。花。焉。

催花法　於寒風凜冽之中。欲覩春色滿園之盛。此殆非人力所能爲乎。不知科學進步。有絕大勢力。足以打破自然之力。如寒中開牡丹開藤花。已爲數見不鮮之事。皆借人力以收催花之效者也。其方法甚多。最普通者爲温室一種。温室務擇向陽之地。以屋頂爲界。前闊後狹。高約一丈。後面卽北方。砌以磚牆。屋根一小部分。用厚板築之。前半較大。直向南方。張以玻璃。爲開閉自由之滑門。其側面藉槓杆之運用。設開閉自由之通氣窗。以便於空氣流通。而屋頂玻璃之一方。亦與側面玻璃窗同一槓杆作用。至雨天則關窗。不使雨點侵入。故無論何種温室。其主眼皆重在空氣與日光。若有寒風吹來。急將窗門放下。中設一較高塔養牀。中央低處爲通路。於室之一方。別置水槽。便於灌水。室內又置寒暑表。温度不可過高過低。須保持在攝氏四十五度至五十度之間爲佳。

花卉之栽培管理法

牡丹　牡丹之種類。無慮百數。色以黃紫爲最貴。而其種植管理之法。大略相同。土質須用乾燥篩細之沙土。根底須用白蘞末拌細熟土壅之。土宜鬆。不宜緊。根處宜堆土成小堆。擁之不令動搖。故不可過疏。不可過密。初冬宜用稻草遮蓋。或用草篙覆之。不著霜雪寒風。有花。房。温。室。則置之。花。房。尤。佳。冬末春初。紅芽漸透。視天氣和暖。用雨水或曬熟水。緩緩澆一二次爲止。二三月宜多澆二三次。及花將開則不可澆。花蕾透成彈子大時。捻之中虛輭弱者摘去。祇擇中心强大者留二三朵。則開。時。花。大。逾。恆色亦。鮮。豔。花盛開。用棚遮日。可歷久。花將落。卽翦去。其。蒂勿令結子。奪其氣則來春花。尤茂。花前宜用極熟豆汁草汁澆之。忌用糞汁。有死鼠搗爛埋入根際。開花尤肥大。牡丹接換。可用。單。葉。牡。丹。或。芍。藥。作。砧。有。用。椿。樹。接。成。樓。子。牡。丹。者。今絕少見。其奇妙者。常於立春日。取牡。丹。嫩條。有。二。三。芽者接活於。茄根上。當年闓一二月。花便爛漫。（接法從略）求其花色變幻者。須用明礬小塊。拌和土中。分成兩層。敷於盆底。則不傷根。花能變爲青色紫色。或青紫色。殊見奇麗。又用。白。朮。末。埋。置。根。下。則各。花。皆。變。腰。金。卽所謂金。邊。牡。丹也白牡丹初開時用筆蘸礬水描過一次。乾後以籐黃和粉調成淡黃色再描卽成。黃。牡。丹。後以清礬水描洗一次。色卽不爲雨所落矣。翦牡丹花枝作插瓶等用者。枝不可過長。翦時須用利刃急翦。切斷處第一要光滑無疵。以蠟封好。庶免損傷。翦下之枝。先用。火。炙。枯。其。下。部、恐有。害。菌。塞。其。切。口。水不。得。入。花立。枯。萎。也。

養花瓶水。宜先沸過待冷用之。或用蜂蜜插養。尤能經久鮮豔。如已萎者。可用竹篾匡架起花朵。盡浸枝葉於水缸中。一夜復鮮。欲寄送遠處。遺贈閨友者。用蠟封固。剪口不洩其氣。每花朵。用菜葉裹好。安置篾籠中。雖數百里外可遞寄不敗也。牡丹根易招蟲蛀。宜用白蘞末埋根下避之。或用硫黃尋蛀孔塞之亦可。

芍藥　種植之法。類似牡丹。土欲肥而鬆。根欲深而直。須在隔年臘間移栽。用肥河泥拌牛羊糞種之。自驚蟄後至清明節。逐日須澆水一次。則根益深。花益盛。花蕾將發時。擇頂頭壯蕾留一二朵。（新栽者）或五六朵（已栽一二年者）旁枝小蕾悉去之。花更肥大。開時。扶以竹。花不傾倒。有雨。遮以箔。則耐久。花將落。亟剪其蒂。盤屈其枝條。縛以線。使不離散。則明春發苗必盛。變幻花色之法。與牡丹同。或用雞糞和土培花叢下。渥以黃酒。則淡紅者悉變深紅色矣。其餘剪花養花寄花諸法。均與牡丹無異。

蕙蘭　蕙蘭之種類甚多。一莖常排多花。以每莖開九花者。為正格。七八花者為異品。十數以上。下品矣。蘭宜用黃砂土拌羊鹿糞種之。防蟻蚓傷根。故常用水奩座盆。隔不得入。水面結浮膜。宜換清水。否則蟻於水面渡過也。或用。四。碗。盛。水。墊。置。盆。架。四。腳。亦。可。花盆宜置於陽光四射之處。則四面抽花。最忌西風與溼氣。根下尤不宜過肥。時用冷茶沃之。葉面不令生白斑。有則。用魚腥水洗之。遇雨。則移。置。避。雨。通。風。處。葉間有蛛網則拂去之。花後速翦去其莖。澆肥水養其力。暑月。更。宜。多。澆。冷。茶。則來。春。新。芽。迸。發。益。盛。

建蘭　建蘭種類名目。不下百數。花色有紫白兩種。以紫梗青花爲上。青梗青花次之。紫梗紫花又次之。種植之土。必須。先。取。黃。沙。和。溝。泥。堆。枯。草。煨。過。或入。淨。鍋。焦。炒。堆。置。過。性。然。後。入。盆。用。分盆時。須先將竹刀翦盡枯爛老根。細細分開。勿傷細根。取有竅新盆。以皮屑瓦片塡底。再用煉過熟土覆上。每三箆作一盆。分三方向植之。盆面覆以瘦沙泥少許。勿用。手。捺。實。恐根。不。得。舒。種定澆清水一勺。以固其根。蘭盆宜置向日背風之處。時時掃除蛛網。翦削敗葉。盆面沙燥。則澆以肥水。有莠草則除之。花時若枝上含苞太多。宜擇瘦。者。略。摘。一。二。以養。成。大。花。澆肥水以河水、雨水、皮屑水、魚腥水、雞毛水、浴湯、豆汁、冷茶爲宜。澆時須在日未出前。與黃昏時共兩次。須四面勻灌。勿潑及葉。恐生黃斑也。梅雨時土溼。勿宜過澆。多大雨。宜置背雨之處。遇驕陽。則罩。以。篾。絲。籠。花。自。繁。茂。而。葉。自。蒙。茸。也。

白蘭花　卽廣心樹。俗稱白蘭花。又名木蘭。樹之高大者可數丈。尋常木本皆三四尺。春夏時開花極香。亦有四季開者。其色亦有紅黃白紫數種。性喜暖。不宜過溼。上宜肥土。畏風雨。故宜置温室中。澆灌宜用草汁豆汁。惟過肥則花蕾易落。故宜愼之。

桃花　碧桃多係接本。用單葉桃花作砧。千葉碧桃作接條。或將兩種異色之碧桃相接。則其花能開兩色。種植甚易。性喜暖。土質不可過肥。以多沙爲佳。肥壅亦不宜多。每年在開花前。澆豆汁草汁等一次。花後更澆一次可矣。又可用明礬塊與土拌和。埋於樹根四周。則得變色之花。效果甚佳。桃樹佳種最易變劣。春前將花時。宜翦伐其長枝、葉枝、枯枝等。使樹性短矮。又須用刀斷樹幹。使出桃油。則不至脹死。最好每隔五六年。接換一次。可免其變種。否則二三年換土移植一次。亦可歷久不變。花開更甚也。倘隔數年不花。而枝葉茂盛者。宜掘開根土。翦伐其根。殺滅生勢。翌年自能發花。若生毛蟲。須用洋油與肥皂煮成之白汁。以細眼噴水器。噴灑之。俗傳則用多年竹燈籠懸之樹梢。其蟲自落。甚見效驗云。

月季花　月季花又名月月紅。每月常開。有紅、白、黃、桃紅、諸色。黃者品最高。

白月季宜種背陰處。不可。見。日。見日。則。變。粉紅。置之。陰。地。則色。帶。水。綠。甚。美。易於。變。色。可用。明。礬。水。灑。其。花。蕾、則花。有青紫色。點。如。灑。金。或用。瀉。鹽。液。（極稀洋瀉鹽水）沃。之。則白花。可變赤色盆土須肥澤。澆用草汁豆汁米泔最佳。有蟲。則。澆。以。魚。腥。水。並細細捕盡之亦可。接換以薔薇、玫瑰、十姊妹、木香、爲砧。四季中隨時皆可接換惟春秋兩季尤佳。

薔薇　薔薇有千葉單葉之分。大抵紅白兩種。黃者不多覯。枝條柔輭而長。須用竹竿成棚扶之。或攀附牆壁亦可。性喜陰。好溼土。不可過肥。壅以枯草敗葉最佳。老枝每年翦修一次。促生新枝則來春花開。益茂花後便可修翦扦其。殘。枝。於。陰。溼。處。隨插。隨。活。分殖。極。易。但佳種年久易變。亦以接換爲宜白薔薇如寶相花。較難開花。黃薔薇亦然。而種尤佳。治蟲蛀法。與月季同。餘如木香、十姊妹、白荼蘼、亦俱三四月間之花草。其栽植管理之法。與薔薇同。

玫瑰　玫瑰香氣最穠。用處特多。春花中最佳之品。性喜暖須陽光直射置之溫室中。花開不絕。香尤穠郁。種宜肥澤帶沙土。澆忌糞溺須用浴湯、洗衣水、魚腥水、米泔汁、等汚穢物澆灌。春初分根。應用。腐。草。敗。葉。壅。之。但根。太。肥。則樹。易。憔悴。也。保存玫瑰色香之法。或曬。乾。貯。藏。或製。成。玫。瑰。糖。漿。等均可。

惟花形不全。花色亦淡退。今有改良保存乾花之法。兼色香花形而俱存之。法取純淨細沙。曬乾之。烘乾亦可。另用木箱或鉛皮深箱一口。（洋油箱可代用）如無。則厚紙匣亦可代用。取玫瑰一枝。先直立箱中。然後用前備之乾沙。緩緩裝入。不令損及花朶。以貯至滿箱。遮過花頭六七分厚爲止。另用一厚洋紙或板。穿滿小孔。遮置箱口。曬箱於日光中。或火烘乾。經三四日。自沙中挖花視之。花已乾固。而花形色香不變。頗爲佳妙。且此種保色法。惟紫色花爲最佳。故玫瑰花用之尤爲合宜也。

杜鵑　深紅千葉。春花中亦推冶豔之品。惟最喜陰而惡肥。宜植牆陰或樹下。盆種者亦宜置避陰處。每晨宜用河水澆灌。不可用糞水。祇宜壅豆汁耳。

百合　紅者名卷丹。花小。白者花大而奇麗。名白花百合。變種亦極多。色香兼備。早開者在初夏。晚者六七月間。種之須用肥沃砂土。早春便可分種。如用雞糞培壅。花發尤茂。花期中仍須時用肥水沃之。

玉蟬花　又稱花菖蒲。顏色有種種變化。品劣者四五月間開花。品高者六月開花。須用帶沙肥土栽之。灌以豆渣糞水。或用木灰爲肥。培及開花前更澆肥水二三次。則花必更大。花後再澆數次。便可分株栽植矣。鳶尾、蝴蝶、兩均喜陰溼地。其種植之法與玉蟬同。

洛陽花　花與石竹花翦春羅相似。變種甚多。花色亦豔麗絕倫。性不喜過肥。土質以多沙者爲當。自開花時至落花後。俱可扦插。以乾燥爲宜。

麗春花　卽虞美人草。花極豔麗。惟單瓣者多。須於上年秋間下種於熟肥土中。及春時芽長。再施以稀糞水或豆汁草汁。及已透花蕾。則不可澆糞。花後再糞。可再開。如是慇勤培壅。花發愈大。或竟可得千葉也。

櫻草　此種來自東洋。品類極多。顏色有紅紫兩種。可盆栽。須用肥土和沙土種之。土中宜更加豆餅渣。培壅得宜。常能開好花。花落之後。卽行分栽。或取其子再種。亦可望得新種。

三色香菫　此係西洋最適用之花草。一花中常開黃紫白三色。草質甚矮。隨時可以播種。宜先種盆中。後移植他處。性好肥沃。溼潤之沙土。而忌陽光過烈。宜多沃以腐草汁熟草灰等。開花頗能早而持久。

鬱金香　花形極大。各色俱備。花期亦甚長。其根如百合結成毬體。卽用以種植。不甚費管理。生長頗易。如用篩細田土。混豆餅渣種之。花色尤佳。施肥惟在隔冬時一次。至花開之前。更施一次已足。此花所可慮者。其毬根易於腐敗。在黃梅時尤甚。故宜早日掘出。置籃中風乾。或曬乾之。如久陰。則可於室內生炭火烘乾。貯藏之。

藍菊　藍菊早種春末開花。晚種夏間開花。色有紅黃紫白諸種。最易變換。隔秋便須下種。地內宜堆馬糞踏堅。再用篩細肥土敷之。下子後。須用稻草遮護。及初春移植他處。施以豆餅渣。至開花前再澆肥一次。花必佳美矣。如常沃。以礬水。則紅者。變青紫色。紫黃色者。俱變青色。如沃以瀉鹽液。可令變成鮮紅色。惟此等藥水過量濫用。反致害耳。

竹　竹之栽種最難。蓋移植不得法。卽致枯死。得當則無有不活。移竹時。竹鞭。(地下之竹根)須多留宿土。不可去。雨後移植。土勿堅踏。入土不宜過深。漸壅以河泥。則自活矣。若覓死貓埋根下。行鞭尤盛。生勢必旺。竹根處河泥須堆高地面一二尺。或以馬糞和礱糠擁護亦可。次年春末便能透筍矣。

柳　柳最易活。隨地皆可種。以梅雨時爲最宜。扦柳枝須擇挺直長尺餘者。削其梢。或劈開之。植土中。用泥擁好。當年便透芽。或火炙枝梢插之亦佳。新芽祇須擇壯盛者留一本。餘悉去之。欲求其將來長成。蟠屈奇形。當於新枝長成後。曲結於另立支柱之上。慮其幹過高不雅。可於來春透芽前。掘出修翦其老根。另植他處。則幹易粗肥。不致過高。又欲使成垂柳。宜於扦插時。倒轉柳枝插之。或候其新枝已透。各繫重物。如小錢之類。錘其枝下垂。久而其勢自垂垂矣。

芭蕉　蕉性喜暖。故冬日宜用稻草密扎枯莖。勿凍死。春和後。將透新葉。即去稻草可也。性又喜燥不宜肥。行根則甚淺。故土宜堅實。不必澆灌。種盆景宜取根邊小株。連根拔出。以髮針橫刺根際。成兩小孔。則永不長大。最合盆種也。

鳳尾蕉　或稱蘇鐵。高大者可植庭中。矮者可種盆中。每年透新葉一筦。不費灌溉。但用鐵屑和泥。種之自茂。初夏開花結子。亦可播植。葉勢萎黃。可將鐵釘燒紅。釘其根上。則勢復茂盛。法頗見效。但兩次之後。而葉仍凋枯者。不能再用此法。須修根換泥。換盆重栽之。

仙人掌　種類甚多。性皆好肥喜暖。土宜潤澤。根宜淺。祇種盆景。一葉半片。均能透芽。栽培管理。俱不甚費力也。

棕櫚　可盆景。可庭種。惟盆景者。宜莖矮葉多。庭種則反是。栽須用鬆肥細土。每月灌河水一次。其黑子落地即生。小樹可移種盆中。隨意取玩也。

虎刺

盆景之佳品。值頗昂。種植亦頗難。惟畏日。喜陰。常宜置陰背處。分栽宜用山泥沙土。忌用糞澆。當以雨水冷茶沃之。盆中須置石或蒼苔以補幽景。

風蘭

風蘭不須土種。又不須灌肥。惟用枯木。置籃中。以棕繩或髮絲結蘭。其上。懸籃於無日通風溫暖之處。常時不可見水。在梅天必懸雨中。吸足水溼。又宜置蒼苔於籃中。以保溼氣。用盆種者。其法亦同。水晶蘭與風蘭略似。惟於春末夏初。開小白花。如蘭。頗香。種法如風蘭。但每日必須灑水或冷茶沃之。此其異也。

水仙花

水仙六朝人呼為雅蒜。故屬於單子葉類之石蒜科。為宿根草本。亦稱球根植物。葉長厚。叢茁自鱗莖。根有薄皮。及春而花。花朵大如簪頭。色黃白者多。有紅色者。唐玄宗嘗以之賜虢國夫人。或曰水仙有單瓣千瓣之分。單瓣者名水仙。千瓣者名玉玲瓏。然按本草云。蓋一物二種耳。又據近世學者曰。水仙有重瓣單瓣及紅黃白之別。外花蓋白而內花蓋之邊緣及蜜槽紅色者。曰紅水仙。不論重瓣單瓣。凡花瓣鮮黃者。曰黃水仙。外花蓋白內花蓋蜜槽黃色者。曰白水仙。而以白色六瓣中有黃色蜜槽者。最普通。然此等種類名稱。固無研究之價値。不若就其培養法而一論之也。

曩之言種植者。自五月卽收根浸於便溺中一晝夜。曬乾後和溼土懸之空處。八月取出。分瓣植之。唯土中須加豬糞不可缺水。起種不可犯鐵器恐其不開花也。佳種既得。植以精盆。置盆於日光常見處。卽能生活。至開花前與以腐水肥二三次。便能著美大之花。但普通不以泥植。都用水植。以磁盆積小石子將半。植水仙根於其中。盛水約三分之一。每日換水一次。日中置陽光常射處。夜間收之室中。卽易芽而葉。但盛水不宜過多。否則葉早發達。卽早黃落。花穗早長。及花時反致傾折之慮。且葉穗長能分瘦花勢或含蕊不吐。或吐。焉而不怒放。或放而未久。奄奄卽枯。如不常見太陽。匪特不能獲良好之發育。亦且不能使花繁葉茂。此植水仙者所不可不知者也。

近有所謂蟹爪水仙者。葉短而捲。發育似較遜。而姿勢則特奧妙。故價亦昂貴。其實仍爲一種。不過施以人工。使之稍異其形耳。欲言其法。卽水仙頭微苞葉芽時。用小刀橫切去球根之四分之一。此時須留心勿切傷球根中之花蕊花穗。卽花蕊外之包皮亦不可略著刀痕。否則其蕊卽不能吐放。若葉則必須切。儘可割去每葉面直徑之半。他日其葉長成。卽捲之如爪。甚或如螺旋形。切割既竟。置淺磁盆中。或淺玻璨皿中。塡以小石子半。灌水及根。石子有紅、黃、藍、白、黑、諸色。亦有花紋者。種類不一。須視盆之如何、與夫水仙之種類如何。以適宜配置之。

球根之割切處近花蕊之周圍者。擁護以棉。所以防花蕊爲寒氣侵襲而不成育也。每當晴日。陳之階前。俾飽受日光之溫煖。以促助其長成。比至開花時。其花穗亦不如普通之長。現今一般盆栽家。以其葉雖捲如爪形。而仍嫌其花穗粗直。不能畢肖。故有縛以線索而使彎曲者。是亦巧奪天功之徵也。試將花盆列之案頭。極結構之玲瓏姿態之活潑。驟視之宛如橫行介士。卽在目前。名之爲蟹爪水仙亦宜。

牽牛花　牽牛花屬雙子葉類合瓣區旋花科。爲一年生之纏繞植物。莖葉密生細毛。葉通常三尖狀。葉柄長。莖繞支柱而上昇。至夏日自葉腋出花梗開花。萼爲合片。有深裂五。花冠由五枚組成。爲合瓣花冠。成漏斗狀。雄蕊有五本。附生花冠。雌蕊一本。花柱頗長。柱頭僅三裂。其果實爲球形蒴果。內有三室。室容種子二顆含有毒分。

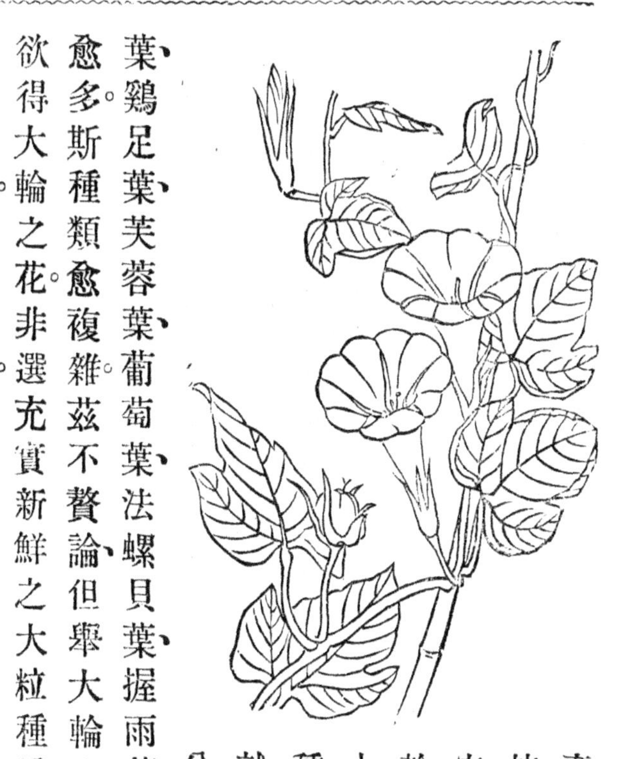

牽牛花人僉稱之爲夏花之王。栽培之法。因花之種類而異不可拘守一法。蓋總稱牽牛花者中含大輪變種二類也。

大輪者。花形圓。爲普通所常見。變種者。則花非圓形。成種種形狀。單就花言。有牡丹、孔雀、櫻、梅等形狀。分二十四種。若就葉言之。有蜻蜓葉、鷄足葉、芙蓉葉、葡萄葉、法螺貝葉、握雨龍葉、等五十種。其花形葉態愈化愈多。斯種類愈複雜。茲不贅論、但舉大輪與變種兩種栽培法言之。

欲得大輪之花。非選充實新鮮之大粒種子不可。固夫人知之矣。唯其播種期之早遲。亦有關係。大概自四月中旬至五月初旬最爲適當。其地有無日光。亦不必問。總以溫暖沃地爲佳。用篩過之耕土除去一切石子、木片。設一牀地。闊三尺。長短宜適中。細分花之種類。於晴日中播種。既畢。並給以輕薄如露之清水。蓋給水過多。反不佳也。

播種無論瓦鉢木箱皆可。用瓦鉢播種者。鉢之直徑約五寸。穴須用瓦片塞之。鉢之下半。用似豆粒大之土。另有培養土以溝泥乾燥而篩過者充之。表面每距離約二寸。掘土深約二三分。播種子一粒。最上再覆以河砂若是者。凡十二三日。芽漸次萌發矣。

要之。牽牛花決無一齊發芽者。必也今日萌一芽。明日又一芽。合三數日則生五六芽矣。蓋其芽皆由漸而茁。彼不諳栽培法者。慮芽不怒發。常攪調其土。土面。期其將來如何發育。是無異揠苗助長也。雖然。欲促進發芽力亦自有法。爲吾人所不可不知者。最好於播種土上撒布籾糠。可保持溼氣不特可促進發芽力。且拔取苗時可不傷其根。至發芽後生第一葉時。卽移植之。須擇晴天傍晚時爲佳。次將移植之心得說明如左。

如植於園地。須擇日光常至之沃土。粘質地則不甚合宜。俟良地既得。植時又須加堆肥。或於去地面一尺以下。埋置魚腸。更以篩過之滹泥混合之。如移植於鉢。則鉢內須入土五合。更於沃土中混合木灰、油粕、於腐熟養土中。再和河砂。移植時每一本先以指掘穴而植。此際更施油粕。其深度以不出部面爲度。否則蒸熱時。有害蟲發生也。

移植之最初二三日。須設棚遮日。及能生育後。可撤去棚面。使受陽光。遮棚之用意。既不使烈日直射。且能得夕陽斜射。故於植物爲最相宜。每晚灌水一次。則葉數可以漸增。待蔓長至五六寸時。摘取新芽。卽自葉際所出枝蔓悉行摘去。留一本蔓。此後每間二日與以尿三分水七分混合之水肥一次。花蕾勿任其多生。多生則其花必小。宜時行摘去。栽培牽牛花之秘訣。以矮生葉少能着大花爲貴。每枝附二三花蕾。繞纏於支柱之上。支柱之材料用女竹。或用割竹。其形有種種。最普通者。形如提燈。其他有如櫓形如船形不等。此成育後之處理。亦栽培家所宜注意也。

花凋後不可摘去。須俟其結實。不然則來年無美大之花。可供玩賞。

至於變種之栽培法。較上述尤宜格外周至。以其爲佳種也。選種與大輪相反。宜用小粒。彼熟而不充分。或外皮帶皺。惡劣不堪者。亦可用之。此何以故。曰。以如斯之種子植之。取其容易變化。成爲異品也。據有經驗者言。惡種勿給肥料。則力弱。力弱則易變化。變化則目的達。知此則可與言變種栽培法矣。

播種時期。以五月中旬至六月初旬爲適宜。缽之口徑約七八寸。或木箱亦可。高約五寸。底鑿數泄水孔。并鋪石子炭屑等。約當全容積四分之一。上盛河砂與養土混合之土。更覆以篩過之培養土。播種方法。與大輪種同。至生葉一枚時。假植於他鉢內。至生第四五葉時。更移植於本地。移植之最初二三日。須避日光。法亦與大輪無異也。

下編　盆栽園藝

何謂盆栽　盆栽云者。即取樹木栽於盆中之謂。不問。樹。性。與。樹。容。如。何。可任。意。增。減。其。長。短。而。使。之。別。呈。一。種。風。趣。故培。養。之。功。較。之。栽。培。草。花。且。數。倍。之。如盆之選擇。樹之栽入。枝葉之修整。肥料之多少。害蟲之驅除。其事極繁。然所得娛樂。亦足以償其勞苦而有餘也。

盆栽之物。不取其大。過大則風趣少。而人工之跡。不可留絲毫於其上。無論何枝何幹。其剪痕鋸跡。皆宜消滅於無形。然非經三十年。不能入此妙境。次請言盆栽上之諸條件。

一、根之地位宜固　植物生育之源。全在於根。試取盆栽物觀之。無論根之大小。皆容於狹盆之內。若欲其完全生育。不得不強固其根本。俾得攝取養料。根本既固。更屢曲其幹。俾近地面。則樹矮而呈蒼老之象。

二、樹形貴取自然之勢　樹形無論曲直。宜取自然的姿勢。苟不自然。則反失盆栽之眞價値矣。

三、宜有一定高度　樹高宜取適中。約自五寸至八寸。過或不及。皆足以損其天然之美。又何取乎盆栽。（盆栽宜取實生者否則必少風韻）

盆栽之種類　盆栽種類甚多。大致分觀葉樹木觀實樹木觀花樹木三類。同時於葉實花三者之外。又有愛賞其樹容者。則不可無石與苔以輔佐之。若單就形態區別。其種類亦不少。今舉其重要者數種於下。

一、直幹　直幹卽幹之直立者。此種盆栽。下更添以拳石蒼苔。風趣盎然。譬如廣野之中。一木直立。雖少屈曲之趣。然姿勢挺拔。令人觀之氣壯。

直幹

二、雙幹　雙幹者。卽一根而有左右兩幹之謂。野生之大樹往往如是。唯見之於盆栽。殊不易得。此其所以可貴。

雙幹

此種盆栽。大抵用同種之樹。從其根元接合者。

三、露根　根之部分。高低屈曲。露於地上。此種盆栽。大低從實生時代。頻以水洗其根。使其上部全出於地上者。

露根

四、懸崖　懸崖或曰掛口。卽掛於盆口之意。此種盆栽。全取懸崖絕壁之勢。與直幹相反。但其根不可不固。

懸崖

五、實生盆栽　取松楓銀杏之實。播於淺盆中。可成蒼蒼茂林之觀。較上諸法爲易。

盆栽與土壤　欲言盆栽。不可不先注意於土壤。苟土壤而不適應栽樹之嗜好。則終難望完全之結果。適於盆栽之用土爲何乎。第一宜取篩過者。第二宜取乾燥者。篩乾之土。幷不難得。所當注意者。卽本年所篩過乾燥之土。須俟來年用之。方可收實效也。

論盆栽之土壤。則砂亦宜連類及之。砂既便於排水。且夏日可以調和炎熱。冬日可以保護植物之根。皆其顯著之效用。唯採收時不可不擇地。彼河岸之砂。爲草木所堆積。至變黝色。非不富有肥效。但用於盆栽。極不相宜。因用此足以腐其根也。他如含鹽氣或鑛毒之砂。亦宜避之。最適於用者。爲清流中之細砂。去其夾雜物。再和以百分中七三之土。庶乎可矣。

盆栽與肥料　盆栽之有待於施肥。爲盡人所知。但所用肥料爲何。使用時宜有所區別。如爲人糞。非經三年之後。俟其十分腐熟不可。自習慣上言之。應用下之二種。

一、鰻肥料　取鰻魚之頭骨。入於土器中。加水密封之。經一年。則醱酵而變爲黑色液。用之既有肥效。且可驅除害蟲。或燒焦成粉。去其油分。貯入瓶中。多少可隨意使用。

二混合肥料　以下列各物。入土器中。使之醱酵。經三年後用之。

大豆	五合	灰	四合
魚腸（或生魚）	無定	雞糞	六合
米糖	一升	乾魚	七合

水　　三升

盆栽與室內裝飾　盆栽本室內裝飾之上品。其趣味之濃。變化之大。遠非他種裝飾物所能及。請言其排列法於下。

排列盆栽於室內時。其後必樹以屏風。屏風上不宜繪畫。有畫則反失盆栽之眞價。又其下必敷以青毛氈。有盆栽而無屏風毛氈以襯之。則其美不彰。夏時可易以白氈。上列古雅之臺。如紫檀黑檀製者尤佳。臺上供以盆栽。入其室中。身心頓爲之爽。

當研究盆栽排列法時。不可不注意於樹之種類。及盆之選擇。如白盆蒼松紅葉。三百相映。其色甚佳。且并樹之形態。盆之品質。而亦一一研究之。則相得益彰矣。

排列之種類過多。則雜而不純。必選其同類者。再研究其樹容盆形與臺之形式。思索入微。而後排列法乃粗具。苟非然者。徒取其多。未能免俗。或於一室之中。排列至十數盆以上。猶嫌不足。則又羅列之於階下。殆與市上花局無異。絕非有經驗者之所樂爲。故一室中不可排列至五盆以上。

盆栽之四季管理法　盆栽之管理。宜極周密。不可稍有所忽。但一年四季。

宜如何管理。亦不可不知。試分述四時之管理法於下。

春之管理法　春日新芽怒發。管理極繁。三四五之三個月間。如換盆、切根、剪枝、移植等事。胥叢脞於此時。且疎雨晚霜。宜加以不時調護。或移植之後。忽然遇雨。土若過固。必有妨根之滋殖。或春寒料峭。夜多降霜。若不預遮以蘆箔。或移入室內。必致凍結。外此關於管理之事。不一而足。如花壇之設置。露台之裝置。皆於春季三月中行之。尤有最要一事。曰摘除新梢。在五月杪行一次。至交夏之六月杪。再摘一次。於殖小枝整樹容上皆有特效。

新梢之長三四寸生二三葉者。卽可摘去。當未萌芽時。無用之芽。亦可察其情形而摘之。故枝之位置。與幹之粗細。皆可利用摘除新梢法以調劑之。

夏之管理法　六七八之三個月間。皆值盛暑。管理盆栽者。於注水遮日二事。皆當視爲急務。何也。炎炎烈日。人類尚不能堪。況乎微細植物。故當日之方中。須以蘆箔遮之。俟午後逐漸撤去。清風徐至。暑氣全拂。更潤以如露之水。唯日中時枝葉帶彫萎之狀。不可灌水。犯之恐釀大害。若因斷水而欲彫殘之植物。注以少量之水。可望復活。否則移植於花壇中亦可。灌水分朝晚二次。其量萬不可多。梅雨時節。因其發生新根。宜稍加以養分。不可多加水分。多水則傷新根。若逢驟雨。宜預先移入室內。或遮以蘆箔。不可稍事忽略。夏季截枝。固亦無妨。唯不可施肥。七月以後所生之新芽。皆可一律摘去。

秋之管理法、梧桐葉落。秋風頓起。九十十一之三個月中。管理盆栽者。時或行移植之事。其在夏期中柔白之根。至九月間盡變赤色。其質甚堅。故此際移植。似可無害。（冬季移植不傷其根亦可）但不可傷其根。恐至冬季。不能恢復其勢力。貽害頗大。故移植之事。仍以行之於春季爲佳。十月以後。宜禁止移植。犯之則根易凍傷。而至於腐。且秋季濕氣最多。腐根之事。在所不免。培養家宜注意此點。必先曬乾其土。其不起障害爲佳。一切遮日蔽雨之器具。悉可除去。

土盆之埋於花壇內者。至十月初旬。卽可掘出。并列於花壇之內。使受日光。至秋季所發新芽。悉可摘去。縱不摘去。至冬亦必枯死。不如及早去之。免致樹液虛耗。詎不甚善。

秋季盆栽之最美觀者。莫如紅葉。栽培家往往積多年之經驗。冀得此宇宙第一之色彩。以供其玩賞。紅葉盆栽之法如何。曰秋期將至。視何者可以爲紅葉之盆栽。加以特別注意。日中則移出室外。俾受日光。日暮則移入室中。毋使曝露於星月之下。其紅葉之美。至少能保持三五星期。苟一不愼。不數日則其色褪。其質硬。斯亦不足觀也已。

冬之管理法　此時之管理法。第一在防寒。防寒之法不一。除利用温室外。尙有用玻璃函。將花盆入其中者。但初降霜時。可先移廊下温煖之處。至劇寒時始移入溫室及玻璃函。俟日煖時開其窗。夜間閉之。冬期中取盆栽出受日光。爲管理上一大要件。宜置於簷下無風之處。稍不注意。任置於不適宜之處。如楓、櫸等盆栽嘗因此損其天然之葉色。傷其良好之樹容。莖葉徒然伸長。毫無補也。

松之盆栽法

泰東西人士之趨重園藝。已非一日矣。由花壇進而至於盆栽。靡不潛心講求。以爲居室之點綴品。其中尤以松樹之盆栽珍貴。以其成育亦較難也。松以清高蒼老見珍。風韻不凡。自非春蘭秋菊之可比。而終年翠綠。壽命獨長。尤其。特。點。古。所。謂。歲。寒。然。後。知。松。柏。之。後。凋。一。語。良非。誣。也爰述松之盆栽手續於次。以供家庭間注意園藝者之參考焉。

一般培養法　松之移植在十月與十一月間爲最適宜之時期。松有極細之白髮根。吸收滋養物。此白根性喜乾燥。忌溼氣。溼氣多則易腐。故灌溉當較他種植物稀少。灌溉後。亦宜使水分易於排泄。植松宜多用小砂。即

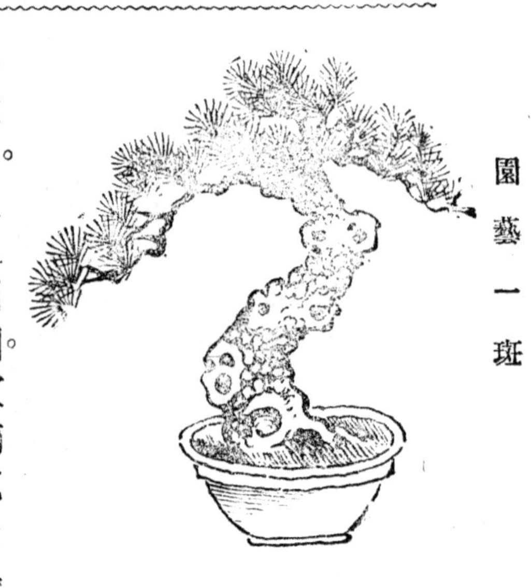

爲此也。根之周圍。宜鋪花崗巖砂。毋使根幹深埋土中爲佳。

處理之手術　盆勿直接置於地面。宜高擱盆臺或石磴上。其地位以日光多到之處。如置於不通風。或直接置於地面。及陰燠易受溼氣之方。其根生害蟲。或發生黴菌。致根腐敗。總之植松以乾燥高爽易泄水氣多見日光爲妙。但更有一要點須注意者。如在室中陳飾已經數日。速宜還諸原處。否則於樹有損。如陳室中在一週以上者。則松未有不因而枯落矣。

驅除根蟲藥　害蟲既生。若不驅除。必致腐蝕。法以烏賊魚三四尾。加水一

升五合煎之。煎餘之汁。傾注於根之周圍。害蟲卽可驅絕。此不獨松樹爲然。卽一般樹皆可作爲驅除害蟲之妙藥也。

肥料施用法　肥料分三種。一爲油粕與水溶解後之腐爛物。一爲人糞經日光久曝而稀薄者。一爲小麥煎後水中之腐物。但人糞用於盆栽。似覺不潔。如分量不勻。反有枯槁之慮。油粕能收拾得宜。其效固佳。否則一至夏季。臭氣觸鼻。故三者之中。最相宜者莫如小麥也。小麥施肥法。亦有兩種。一爲小麥與水煎過後。久經日光曝露。卽腐敗發酵。彷彿麥酒Beer然。於是酌量傾注於其根之周圍。一爲小麥煎後不浸於水。卽於盆之周圍掘土而埋入之。然此法於寒中行之。每冬一次已足。若行於春夏。則反易致黴菌害蟲之發生也。

灌水法　松不喜水。然又不可因此而廢水。要知植物皆恃水氣生長。特松之吸水力不如他種植物之甚耳。故灌漑亦宜每日舉行。蓋灌漑疏怠。泥土乾硬。雖有滋養料。亦無力吸入。但灌後。務使水分易於泄瀉爲要。

整容法　盆栽以整容爲要。否則榛莽荒穢。任其所至。勢必粗直不雅。是整容法之不可不施也。法分根枝葉三種。詳說之如左。

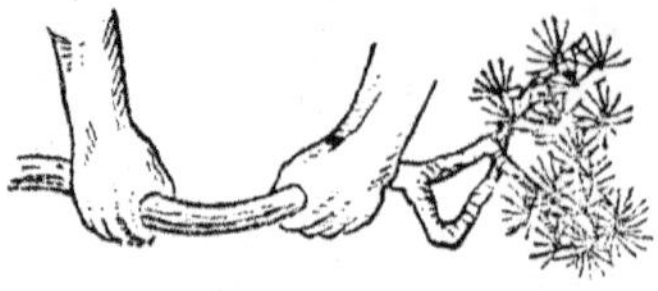

(1) 根　根爲植物之基礎。盆栽較狹窄。滋養料亦較少。若培根一不得法。則不僅枝幹發育不盛。且足致枯槁。故培養家無不注意培根。每二三年必須換種一次。泥中和入細砂少許。所以鬆疏其土。使根鬚發達也。

(2) 枝　盆栽之所以珍奇。全在枝幹之結構。結構不良。失爲珍品。然結構出自天然者。往往不良。於是又不得不假力人工。採用曲枝法。其法用繩或銅綫束縛。如不能曲者。當以手代彎之。務使枝幹一如有頭、有足、有肩、有面、有裏。不能成形者。用細棕櫚繩和木片夾縛。如上圖然。曲枝法中。盆栽家尤多採用銅線曲枝法。以其法簡而易達目的也。法以火燒銅線至赤。則枝不期曲而曲矣。細枝兩週卽成。大枝經一月亦能成。如枝過大。銅線不能爲力。可用鋸輕截。鋸痕。再用銅線攀縛。亦不難達其所欲也。

(3) 葉　盆栽之葉。當視其枝與枝之距離。而定葉之長短。葉長卽葉與葉之距離密。過密則濁。亦不甚雅觀。葉之長短。在於灌溉與肥料之作用。水與肥料充足。葉即易長。且作黑色。黑色則不鮮麗。故灌水施肥。當有節制。而於盆栽尤宜從稀薄爲佳。葉濃可行摘葉法。酌量採摘其葉。又因雨滴致葉爲泥塵染污者。用筆毛醮水洗拭。至淨乃止。

按松、喬木也。生於高崖低麓。矗然挺然。大者高百仞。小者亦以尋計。非大野廣原。不足以言移植。斷無盆栽之理。詎知事有大不然者。百仞之植。竟能施以人工。縮爲咫尺。書齋客室。任人設置。移花接木。自有至理所在。所謂巧奪天工者。是不特松樹盆栽而已也。

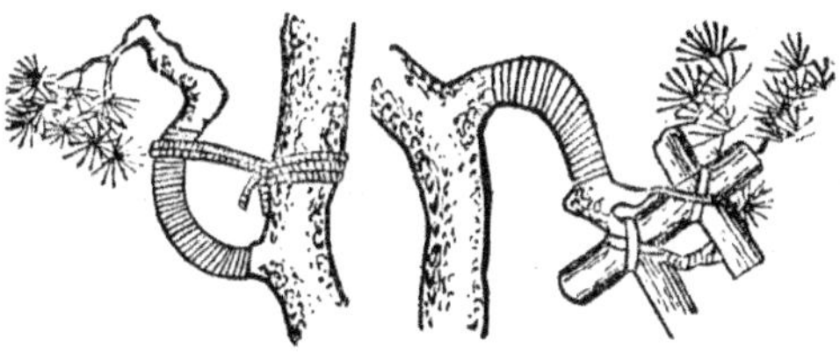

竹類盆栽法

古人愛竹成癖。至有寧可食無肉不可居無竹之句。可想見竹之價值之高矣。但彼淇園嶰谷間。千竿玉峙。皆任其自然生長。未嘗加以人工培養。近世園藝之術。日益精進。至取各種花木移植盆內。供之案頭。悅性怡情。雖曰雅人樂事。亦學術上之進步也。

竹之盆栽。極饒趣味。但培植不易。雖熟練之盆栽家。猶不免枯槁之病。然則培養得法。使娟娟弱質。生機暢達。不至玉隕香消者。獨不謂之盆栽大家也得乎。

水竹

盆栽之竹。種類不一。其主要者。爲水竹、金剛竹、麒麟竹、與鳳尾竹等。水竹本水盆中物。可供觀賞。若離水而種之土中亦可。以其性剛強易移植也。金剛竹甚短小。宜栽之石間。任其杈枒。長及七八寸。性亦剛強。卽切其根移植淺盆亦可生長。如本年六月間。掘其根移植盆中。翌年四五月間。卽發生新簇。成爲珍品。麒麟竹於盆栽中似無可觀之價值。特以其性質剛強。易於分布。苟處理得當。亦可備一格。但欲得上等佳品。無論用幾何心力。終屬勞而無功。若鳳尾竹之清雅宜人。良不多覯。故上流人士都愛好之。

金剛竹

且竹之用於盆栽者。尚宜添配卷石。增其幽韻。或撒以細砂。使平原風景宛在目前。又或鋪以

麒麟竹

蘚・苔。不勞・跬・步。如入・幽・谷。景致・不・一。趣味・盎・然。一任・栽・培・者・之・如何・佈置。但用・盆。宜淺。竹根・不・宜・深・入。若以・深・盆・植・竹。不特・爲・賤・品・且・乏・雅・趣・也。

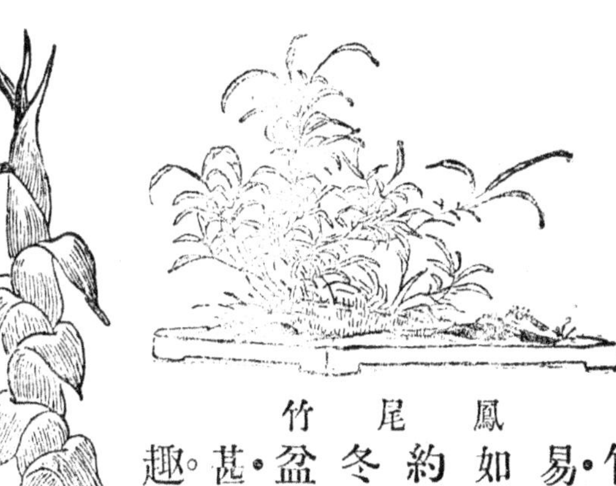

鳳尾竹

竹之移植。以梅雨時爲最宜。以其・天・陰・氣・溼・較・晴・日・爲・易・活・也。其法即切取地下莖。無傷其細根。無去其原土。如圖分布於盆中。盆底置・砂・礫。與・炭・片・混・合。計至翌年。約加油粕汁二三次。夏季・置・於・清・涼・之・處。冬季・置・於・温・暖・之・處。待・至・來・年。即・出・筍・矣。盆中之筍。比盆中之竹。尤爲・雅・觀。但・爲・期・甚・促。待四・五・日・後。竹・節・即・見・長・大。便少風・趣。欲・保・存・之。可・行・左・列・之・縮・節・法。

淺盆中竹根處理法

竹之剝皮法

此法不難於行。視筍之適宜長短時。輕輕剝開其皮。洩其內含溼氣。筍失潤。即不生長。

竹葉之點斑法。乃以・人・工・之・巧・變・竹・葉・性・質・而取・悅・於・人・者・也。其法即以硼砂、綠礬、膽礬、石灰、混合。研爲細末。溶解於水。以筆任意描葉上。俟乾燥後。以水洗之。其斑立見。此雖。曰。好。事。者。之。所。爲。然一。

般園藝家嘗卽此問題大加研究或謂爲一種疾病至難辨其眞僞不知此爲葉綠粒之關係也蓋葉中所含葉綠粒藉光線以造成養分斑葉者較綠葉之勢力薄弱故呈異常現象證之學理其說益信嗚呼此可見一技之微動關學術人可漠不加察耶

此外又有紫竹一種不特不時見其物且亦不時聞其名夫紫竹之爲物根幹枝葉皆爲紫色頗珍奇昔者有某君宰香山邑人以紫竹獻某出價納之比解組擕歸滬寓不閱月而枯死殆天時地氣之不同耶抑培養之不得法耶或曰紫竹性喜鹽氣最宜以海水灌溉然亦未及施行遽爾殞謝良可惜也

梅之盆栽法

松竹梅爲歲寒三友世人以其久榮不枯寓吉慶意故新春之月以三品並列庭前蓋有所取謂竹報三多梅開五福松則終年蒼翠有不老長生之相三者俱徵祥兆用爲歲首祝品固極相宜且不失雅人深致也松竹盆栽二法已詳見上方茲不贅述但就梅之盆栽一述之

嘗聞江寧之龍蟠蘇州之鄧尉杭州之西谿皆盛產梅梅固文人畫家所樂

盆栽梅

於栽培也以其姿容清麗豔而不妖且枝幹具蒼古矍鑠氣象植之盆中頗饒趣味論其種類有紅白兩種一則豔冶一則清豔然其姿勢則以曲爲美直則無姿以欹爲上正則無景以疎爲貴密則無態精於是道者類能知之近今學術日昌園藝之法遂大進步關於繁殖上有種種研究如實蒔插木接木等法尤吾人所宜注意就中以實蒔法爲開花較遲樹色不易古老不若行普通接木法以二三年之實生苗如拇指大時行之翌年移植盆中若行插木法須經三年後移植盆中皆較實蒔爲優也又自栽培上言之其性喜肥料俟落花後必移植於肥土三四分眞土六七分之混合土中經若干時再移作盆栽欲年年開花非時行翻種及剪除老根不可平時用普通陳瓦盆埋入土中至開花時掘起移置上等盆內方可不傷其元氣移植時期以三月九月爲最佳嚴寒酷熱均不相宜養土須以山土眞土與砂混合肥料宜多給以窒素分秋季與以少量之人糞

木灰、及過燐酸石灰。洎翌春發芽時。再如上施肥一次。

梅如多開花。樹卽瘦弱。小枝不切去。多生花蕾附著其上。卽多花矣。如切去則乏古色蒼然之枝。便成蕭條景象。無可賞覽。植梅者不可不知也。雖然。彼名園中高座成格者。何以亦竟有之。是必別有。秘訣。非熟。練之。盆。栽。家。不能。道。其隻字也。爰將其秘訣揭之如次。

梅翻種時。應將老根老枝切去。留新芽二三枝。移植時以篩過之土。擁入根際。而壓實於盆底。但不傷其根。復與以相當水分。毋置烈日中。及發芽時施肥一次。易以淺盆。俾成珍品。然盆不宜過窄。過窄則不敷伸長。花開必少。

晚近盆栽家植梅。或構成蛟龍蟠圍狀。或構成負嵎猛虎狀。令見者爭誇其清高蒼老。覺心曠神怡。每流連而不忍去。如此者殆爲上品。非行人工培植法不可。

新樹之發育。較老樹爲盛。宜每年翻種一次。去其老根。而毋傷其新根。翻種之最初一月。須置於陰地。常使潤濕。開花後應切短其枝。多施肥料。七八月間。不可多行灌漑。

（附）黃梅與臘梅之培植法

黃梅。蔓性植物也。花五瓣。色黃。花形葉態及樹容。與梅全然不同。由實蒔而爲得。苗質頗健。無論壓條插木。皆可行之。土用三和土。移植時期。以梅雨前爲最宜。其他培養法。與梅無異也。

臘梅。舊曆十二月間開花。故稱之曰臘梅。花五瓣。頗妖豔。培養法與梅同。梅花耐寒冒雪而開。愈寒則愈盛。嗚呼。松柏後彫。梅亦耐寒。凜然不撓。爲羣花之首。一如國中之英雄。不避艱難。孤行一意。求達其獨立經營之目的。殆猶梅之不屑與凡卉爲伍。可慶同調乎。吾於是慨然有感矣。

桃柳盆栽法

暮春三月。天氣清朗。桃源柳岸。頗多遊人足跡。其所以樂此不疲者。良以其春色絕佳。有足供一盼之價値也。近世園藝學日益進步。凡奇花瑤草。無不可移爲盆栽。供人清玩。桃柳二者何獨不然。茲特將其盆栽法分別述之。

植桃行實蒔則開花遲。不合於盆栽之用。最好於早春行接木法。肥料用燐肥、骨粉、油粕、人糞尿。養土用眞土六分砂一分肥土三分。

在一般觀賞用樹類。多秋季入於瓦盆施肥於根際。埋置第二花壇。至結實後。卽移盆於他方。桃當盆養時。多有樹脂流出。園養家每將其根部樹皮縱

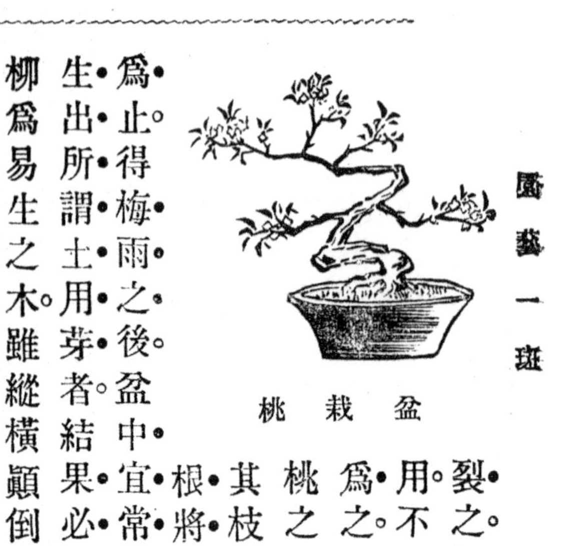

盆栽桃

裂之。卽可防止。但行於盆栽。因風致上關係。不甚適用。不如節施肥料。或截切其根。又或砧木以巴旦杏爲之。皆消極的防止法也。桃之發育力最盛。生於新梢。一次結實之後。其枝卽不生花芽。培養家須注意於切枝法。可於其根將發育未發育時行之。施以適量之水。至入梅前爲止。得梅雨之後。盆中宜常保乾燥。尤須常見日光。入梅後如不見日光。至生出所謂土用芽者。結果必不良也。

柳爲易生之木。雖縱橫顛倒植之。皆能生長。故用爲盆栽。無不相宜。除應用實生法外。以插木接木二法爲主。最普通者。尤爲插木一法。卽切取早春柳枝約七八寸。插於有溼氣之粘土中。其根端略用火燒之。成績尤佳。但插木須深。周圍壓實。常注意勿使之乾燥。久之其根幹抽出新芽。至四五寸時已能十分生活。切其餘者。獨留一本。以竿縛之使直。俾得有良好發育。因枝以曲折爲妙。此際須另行加人工。自春徂秋。俟根已充分發育時。卽可移植盆內。而固實其根。移植之際。先可切縮其根。卽將老根切去。然後移植盆內。養土隨種類而異。如爲垂枝柳。則用眞土五分、赤土二分五釐、肥土二分五釐、混合用之。若珠柳、岩柳。并不如垂枝柳之性喜肥土。但以眞土五分、赤土二分五釐、腐葉土二分五釐、混合用之卽可。移入盆栽後。不可多施肥料。蓋盆栽之價値。以葉肥莖壯爲上品。故當假植時。宜用淖泥、油粕、蒸製骨粉等肥料。一自移植盆中後。則一切肥料皆不可用。且盆栽之柳。決勿使最初之芽伸長。去其一、二、三、次新芽。至第四次芽。使之成育。其枝必纖柔。而其葉亦渺小。頗爲美觀。其幼枝有時向上。宜卽時修正。務使始終嫋嫋下垂。保其姿勢。因盆栽爲縮形之物。枝條既不得充分發育。所伸長者不過幹之一部。若欲强不垂而下垂。非用整枝法不爲功。法如圖中以鐵絲或棉線繫錢於枝之梢端。枝受錢之重量。自然下垂。此後解去所繫之錢。則目的達矣。

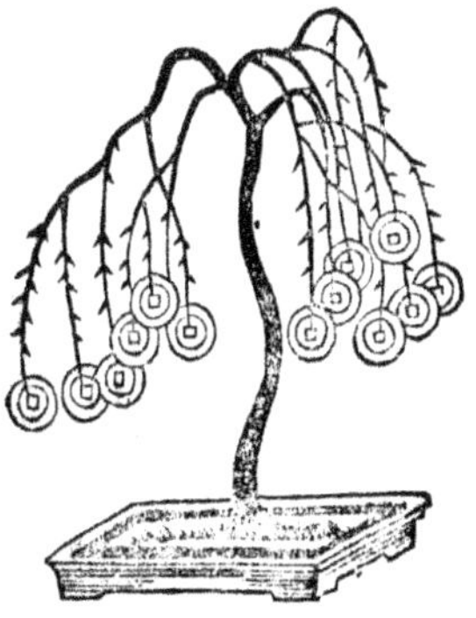

盆栽柳

垂枝柳之整枝法

又柳性喜溼。盆中之土。宜常使潤溼。勿曬太陽。然絕不使見陽光。亦未爲可。最好夏日覆以遮陽。使享受間接之日光。較爲適宜也。

石榴盆栽法

石榴一名丹若本出塗林安石國漢張騫使西域得其種以歸故名安石榴今已隨處有之葉綠色狹而長梗紅五月開花花分大紅粉紅黃白四色又有重臺石榴其中心花瓣如樓臺高起花頭較大色更深紅其他有紅花白緣或白花紅緣者乃異品也果碩大外皮作古銅色內皮嫩黃呈凹凸狀酷類蜂巢其子實層疊而生嫣然作緋紅色故石榴之花之果均足資賞玩宜其愛之者衆也

用石榴枝爲盆栽其法不一或以子種或壓條或折其條盤之土中使生新根故無論接木插木壓條諸法皆可行之行插法則於二三月間切其枝大如拇指長尺許插於肥沃土中至五月生根樹勢剛強極易繁育但遇寒則不能十分遂其生育故寒時宜藏之溫室即平時亦宜常置溫處其對於水與日光之關係與普通樹木略同唯此種植物宜植於堅實之地不宜用虛膨之土最適宜者爲眞土山土與忍土之混合土壓之使堅實或以眞土六分肥土四分混合而爲植之

石榴盆栽

亦易結實肥料用油粕下肥但結實後多用肥料反無益有害簡言之即肥料過多不能結實且少韻致故耳

移植之最適宜時期為春至發芽時若秋間移植宜早以此樹懼嚴寒也若行切枝根法祇限於春季不論盆栽壇植入秋後須防霜雪侵害不可忽也

石榴盆栽之目的不外榦偉壯葉細纖色彩美豔盤根曲節數者他如冬枯石榴一種其盆栽之法可於秋令略切其本根移植鉢內周圍撒布肥料與以米泔水油粕汁洎小春天氣風日回和出陳架上別饒風韻亦頗足觀也

蓮之盆栽法

夏天花卉蓮花為最出污泥而不染濯清漣而不妖其味清甘其色妍豔周蓮溪稱為花中君子誠不誣也種之者或於池沼或於盆盎頗足為夏日清玩之品種之之法於清明節前將舊根挖出不可毀傷用清水洗濯清淨中有腐爛之處用刀削去然後用磁盆一盆底置新泥少許面鋪雞毛數叢（不可過多過多則太燥）將蓮根芽尖向上放入盆中（每盆約蓮根二枝）復將新泥蓋滿加以清水以滿為度種畢置於陽光多到之處以其性喜熱也若置於陰乾之地匪特不花而蓮根亦將腐敗矣宜常灌溉勿使乾枯

蓮根既發荷錢。將生硬梗之時。須加牛膠少許於根際。（每盆約二錢不可過多過多則太肥而不花）則花肥澤。若葉過繁。可將敗葉除去。則花葉。扶。蘇。益覺。美。豔。

蓮花既經開放。須善為防護。若遇大雨傾盆。可用雨傘或其他之蓬罩可以禦雨者遮蔽之。則花可多經數日。不然。一任。風。雨。飄。搖。則凋。敗。零。落。不可。收。拾。矣。

蓮花種類。不外紅白二種。白者除單葉之外。別無他類。紅者則有單葉千葉重臺三品諸名。數者之中。以味則白者為佳。以色則三品為上。其餘諸種。各有其妙。不可以一例看也。

蓮花秋後則必枯萎。可將其莖葉剪去。不可挖掘。俟次年春初。復如前法種之。若善於栽培。一盆蓮根。不數年可分植數十盆。矣。

蘋果盆栽法

蘋果為果樹中之大王。用為盆栽。雖不甚美觀。然用實生之物。俟結實後移入盆中。亦可玩賞。肥料用下肥油粕燐酸肥料米糠等。就中尤以燐酸肥料為此種觀果樹木所不可缺。施肥每年約二三次。宜在發芽之前。落花之後。

或十一月之末。十一月之施肥。可掘其根。施以十分腐熟之肥料。蘋果性好高燥之地。以盆盛土。灌水少許。當四五月害蟲發生時。卽宜注意預防驅除之。此外幷無須特別管理法也。

枇杷盆栽法

用枇杷爲盆栽。本非上品。且實生者非八九年不結實。故宜用接木或壓條法。使所得之苗。結實較早。今試略舉其栽培法於下。

移植時期。分春秋二季。至將結實時。可移入盆中。或於接木經一年後。以盆養之。夏季去其老枝。以其性好溫溼。故宜置於溫暖之處。且常灌水。忌見日光。養土中宜以粘土與砂混之。

佛手柑

佛手柑之盆栽法

佛手柑之盆栽。最有趣味。移植在春之三四月及秋之九十月。實播與接木皆可。性畏寒。故入秋以來。不可受冷。若冬季受寒。則來春發芽必多惡影響。養土之混合量。大概如下。

赤土　四分　肥土　三分

砂　一分　腐葉土　二分

肥料用骨粉油粕燐酸肥料等。若用如油粕等之窒素質肥料。分量過多。則葉現黑色。所謂煤是也。結實後之二月間。決不可施肥。犯之則其實自落。

楓樹盆栽法

楓

楓樹紅葉。秋季最有趣之盆栽也。愛好者多培養之。但有完全之枝幹者少。故人多育成縣崖之勢。楓之木質。非常堅固。不易屈曲。稍事急切。其枝卽裂。春時下種。宜擇膨軟之地。迨發芽後。施以肥料。移植花壇。翌春用爲盆栽卽可。

養土無論眞土山土。須加以野土少許或眞土五分腐葉土之分肥土二分混合用之。

楓性好肥。施以適量肥料之後。則其葉光澤必佳。肥料以油粕之水溶液爲主。移植後可施肥一次。施肥過多。反無紅葉。移植在春秋二期。春以五月爲佳。秋則自九月末至十月末。切枝唯限於春期。於秋期行之。其枝之切口。不絕流出水樣液。不易癒合。瞬時寒氣侵入。其枝卽枯。故宜慎之。

楓性又好乾燥。含水多則秋期紅葉少。有秋雨宜避之。若其葉為秋雨所淫。即發白點。盆土宜帶乾燥。唯夏期土過乾時。亦須灌以少量之水。

平時多受日光。固屬無妨。但夏日午後二時。不可見日。槭樹亦楓之一種。其培養法與楓同。用為盆栽。亦多雅致。

園藝一斑終

民國六年五月印刷
民國六年五月發行
民國廿五年九月十版

（女學叢書之一）園藝一斑（全一冊）

★定價：叁拾貳元
（郵運匯費另加）

編輯者　寶應盧壽籛
發行者　中華書局
印刷者　中華書局
印刷所　上海澳門路　中華書局

總發行處　上海福州路中華書局
分發行處　各埠中華書局

（一六二三）

園藝課本

陸費執 編

新國民圖書社

新中華教科書

園藝課本

小學校高級用

第二冊

新中華教科書

園藝課本

小學高級第二冊

目次

新中華教科書

園藝課本

小學高級第二冊

一 苗牀。

氣候寒冷，作物不能生育，或園圃裏有種種不便，把種子或幼苗，另栽一個地方，等到合宜的時候移植，這地方叫做苗牀。

苗牀有兩種：揀日光常照的地方，鋤鬆土地，施肥料，把土耙平，上搭蘆棚，日中把棚捲開，

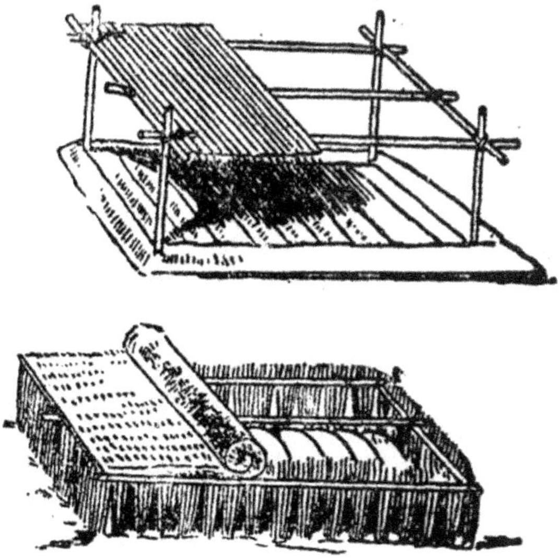

冷牀

晚間和霜雪時遮蔽的，叫做冷牀；用木板或甎、石、水泥、築長方形的牆壁，北高南低，堆積馬糞、塵芥、落葉……等，再厚鋪肥土，上面用玻璃做窗，可以開關的，叫做温牀。

冷牀温度，比露地高；温牀保持日光的熱不散，馬糞、塵芥……等，還可以發生温熱。

又有用木框、花盆，埋在土裏，作臨時苗牀的。

二 鮮紅可愛的天竹果。

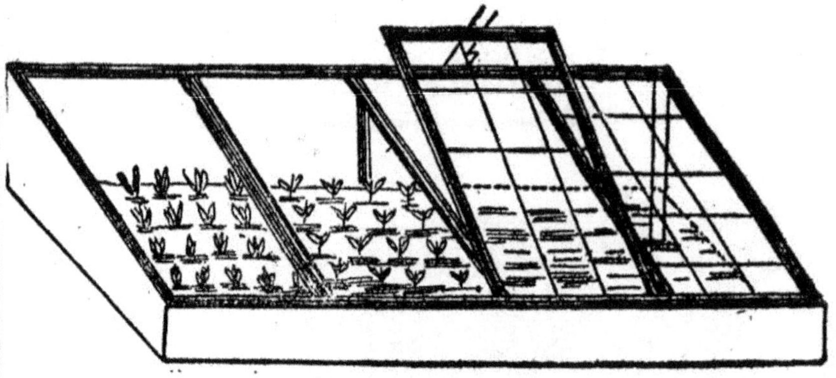

温牀

天竹，又叫做南天竹，五、六月裏，開白色細小的花。花落結果，入冬後漸漸變成鮮紅色，一球一球的聯接，很是可愛！所以栽培天竹，不看他的花，是賞這些紅果的。

春季，切取天竹約五、六寸長，相離七、八寸，插入五、六寸深的畦裏，覆土、壓平、澆水，梅雨後，就會發芽。或秋季翦去天竹的幹，把根掘起，栽到盆裏，明春

插扦法

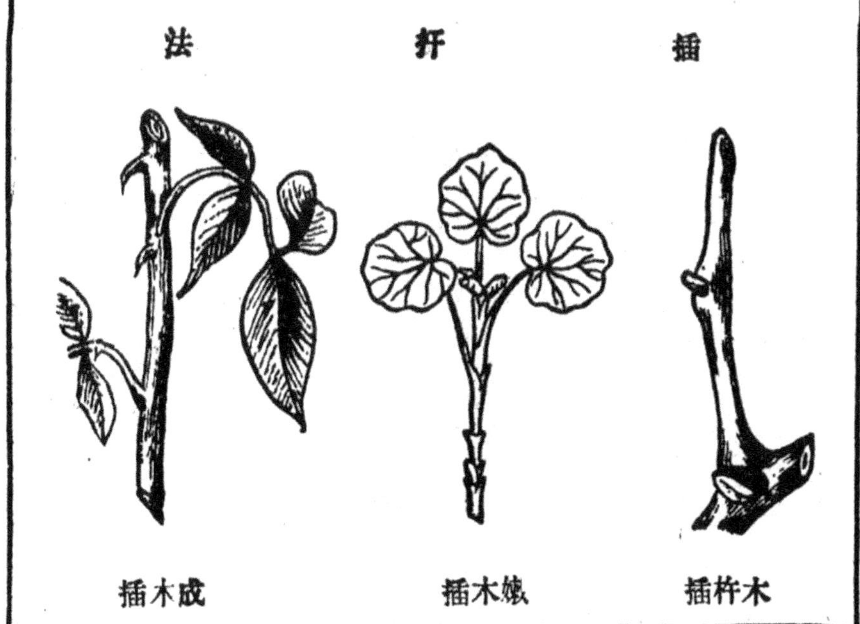

木杵插　嫩木插　成木插

發苗，秋可結果。天竹也可在早春播種，但生育很慢！肥料用酒粕、禽糞、河泥、溝泥……等；並常澆茶汁。天竹性怕冷，在北方不能栽在園地中，只可用盆栽，放在室內。

三 播種。

把種子勻撒在畦面或苗牀裏，叫做撒播；把地面或苗牀，作畦，一行一行的播種，叫做條播；把畦面或苗牀，照着相當的距離，用鋤掘土成小穴，播一粒或數粒種子，叫做點播。

播種法

一撒播　二條播　三點播

而定：以上三法，使用的時候，看作物種類和地方大小、時期和果樹、花卉的大粒種子，先撒播在苗牀，或直播在園裏；豆類種子，在園圃裏條播或點播。若是小粒種子，就撒播在苗牀，或點播在花盆裏。

四　迎春花的栽法。

迎春花，色鮮黃，開在去年的枝條上。枝條軟而長，栽在花盆裏，放在高地方，綠枝下垂，有數尺，有一丈。

迎春花性喜肥沃的土壤，怕寒冷。栽在園裏，要揀向南溫暖的地方。盆栽要防霜雪，盆土要用腐植質土壤，另加細砂二成。花開時和花謝後，都可移植，並每年秋季換盆一回。或春秋二季，把枝條翦斷，插扦在土裏，注意澆水。發芽前，施人糞尿、堆肥……等液肥。

整枝的方法，要摘去過長的枝條頭部，老枝也要切去，明年新枝就更多了。

五　三色堇的栽法。

三色堇，一花有黃、紫、白三色。花形像蝶，所以又叫蝴蝶花；又像人面。

三色堇

春季，在苗牀或盆裏，撒布種子，覆土，撒水，蓋覆稻藁。二週後發芽，除去蓋物，常曬日光，施堆肥、油粕、灰……等肥料。五、六月開花，可延長到九、十月。夏季和秋季也可播種，但冬季要防避霜雪。

若把三色堇的幼苗，從苗牀移到盆裏，須待發生三、四葉後，在小盆裏假植一回，再移大盆。盆土揀砂質壤土，混合馬糞、豆餅、灰……等。

三色堇還可在五、六月裏插扦，或八、九月裏分株。

六 怎麼生成這麼大的蘿蔔？

蘿蔔種類很多：大小、和顏色也不同。宜在氣候稍寒，肥沃溼潤的砂質壤土。春、夏、秋三季，都可播種，整地要鬆軟，播種要深密。小種的，在平畦條播，先灌水，等水乾，撒種子，覆土。大

蘿蔔

種的，在高畦隔開一尺餘，點播。發生二、三葉的時候，拔去弱小的苗，留存强壯的，叫做疏拔。

蕪菁

胡蘿蔔

肥料用堆肥、人糞尿、……等液肥。栽後數日，施一回。疏拔後，施兩三回，常常灌水。

採收期，太早收量少，太遲成空心。採收前一天，灌水令土溼潤，就容易採收。

七 接木。

花、果、品種不良，繁殖力退化，用別的優良樹枝，接上樹本，以便改良和繁殖強盛的，叫做接木。

接木

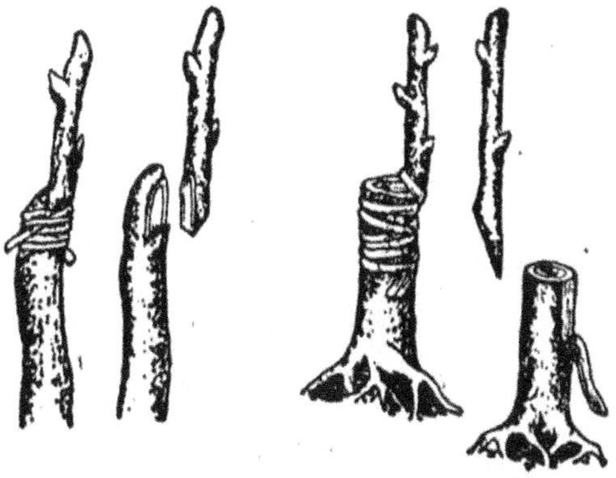

切接法　合接法

接木法有種種：常用的叫做切接法，選一、二年生的樹木，在離地二、三寸地方，截斷上部的枝幹，用刀把木質和樹皮部分，向下削成斜面，叫做砧木，又叫臺木；再揀優良種，前一年生有二、三芽的枝，也把下端削斜，叫做穗木，又叫接穗；緊插在砧木裏，用稻藁、或麻皮、棕綫紮緊，塗泥土或蠟，埋入土裏，並用物遮蔽日光，明春便可移植。

八 茄和番茄的栽法。

茄和番茄，都是同種，性質和栽培法也一樣。茄色或白或紫，番茄是紅、黃、白等色，又可作觀賞品。

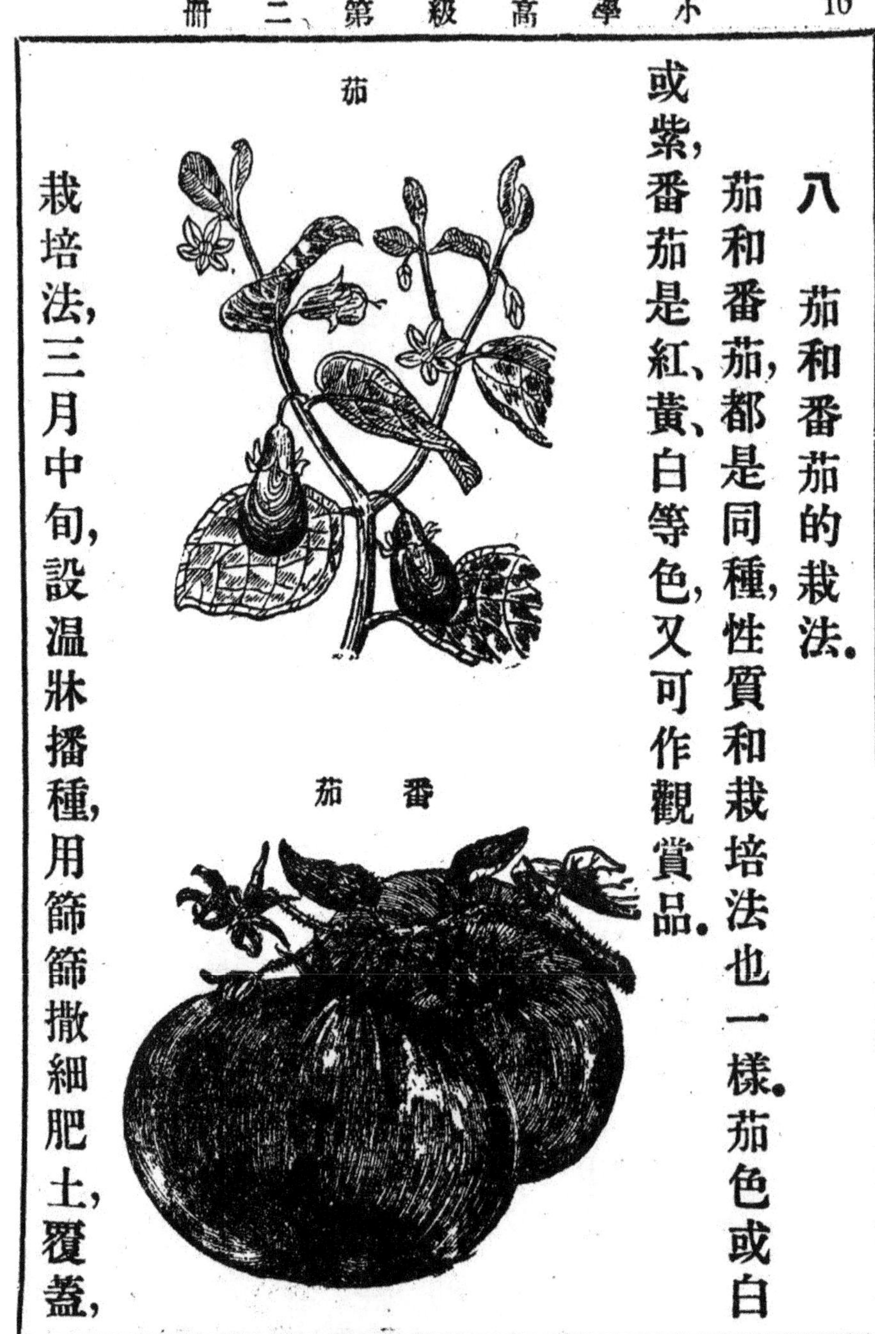

栽培法，三月中旬，設温牀播種，用篩篩撒細肥土，覆蓋，

並蓋藁，以防乾燥，常常灌漑。等眞葉開放，疏拔一、二回，發生第三眞葉，假植一回，第五眞葉開放，定植本圃。圃地要耕細，畦寬三尺，株間二尺五寸。定植後，用竹或蘆莖支扶根部，六月到九月，陸續採收。

肥料用堆肥、人糞尿……等；茄和番茄，要年年更換地方栽培，叫做輪栽。

番茄的葉，比茄茂盛，要整枝。定植後，還要摘心。

九　紫薇的壓條和晚香玉的栽法。

紫薇，俗名怕癢樹。高丈餘，從八月到十月，開紫紅色花，所以又叫百日紅；白色的叫白薇；還有黃色的。　三月下旬，切取強壯枝條，插扦陰溼肥沃的地方，或掘開土壤，把根旁

紫薇

壓條法

分蘖，彎到土裏，叫做壓條；遮蔽陽光，明春移植。培養土、用腐植土混合細砂三、四成。肥料用豆餅汁。

晚香玉，夏季晚間開白花，香氣很烈，又名月下香。繁殖有分莖、播種等法，四月裏，揀向陽肥沃地土，掘二、三寸深的穴，把塊莖放入，在他的周圍敷砂，覆土、壓平、澆水，一週後，常施堆肥、人糞尿等液肥，七、八月開花，花謝葉枯，掘起塊莖，明春栽植。

十 金粟蘭的栽培和支柱的搭法。

金粟蘭，香氣像蘭、花蕾聚生如珠，又如魚子，所以俗名珠蘭，魚子蘭。

金粟蘭

春季分根，揀大盆，用腐植土或肥沃壤土，混合砂二成，拌勻，做培養土，栽植其內，放置陰陰地方，日光強烈時，用物遮蔽。肥料忌用人糞尿，宜用油粕、魚腸汁……等，稀薄液肥，隔五、六日澆一回。

金粟蘭性喜陰溼，最怕寒冷，冬季放置室內，春盡搬出，所以宜在暖地栽培。若氣候溫和地方，保護合宜，經冬葉不凋落，終年可供觀賞。

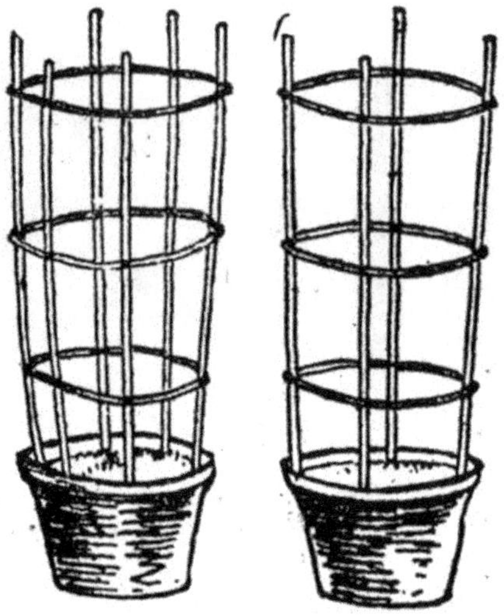

金粟蘭枝幹柔弱，要用四根或六根細竹或蘆莖，插在盆的四周，作柱；再作兩三個竹圈，紮在柱上，把金粟蘭枝幹用棕綫、銅絲、鉛絲等，拴

支柱

四柱　六柱

在柱上。這樣工作，叫做支柱。

十一　豇豆、藊豆、刀豆和菜豆的栽法。

豇豆喜溫暖氣候和砂質壤土，有蔓生矮生二種。三、四月裏，作畦，用點播法下種；七、八月採收，再播種，兩三月後，又可採收。

豇豆

藊豆

藊豆喜溼潤氣候，和砂質壤土，栽培法和豇豆相同。但莖高四尺，要摘心，八、九月採收。

刀豆所喜的氣候、土性，和藊豆相同。四月裏在溫牀播種，發生三、四葉，定植本圃。

杂豆所喜的氣候、土性，也和藊豆一樣。三月裏，播種溫

刀豆

菜豆

牀。天氣和暖，定植本圃，四、五月採收。從此到七月，都能播種，陸續採收，天寒爲止。

豇豆的蔓生種、和穭豆、菜豆，成長後，都要搭支柱。

肥料用堆肥、廄肥、人糞尿、草木灰……等。

十二 韭菜的栽法。

三、四月裏，整地作畦，施肥，耙勻土面，隔開五寸，播種子二十餘粒，覆薄土，壓平，隔三天澆水一回。發芽後，疏拔兩三回，九、十月，定植本圃，株間相離五寸，行間相離一尺餘，常常耕鋤行間和株間的土，叫做中耕。冬季防寒，用稻藁、落葉……等覆蓋，明春三月，就可割取。割後隨即覆土，施液肥；十幾天後，新葉又可割取，到秋方止。

經過五、六年，舊根力弱，掘起分栽，很易成長，叫做更新。一栽又可經五、六年。

若分栽後，到第二年冬季，設溫牀或造畦，施肥，移植，用馬糞、落葉、米糠……等密蓋，上搭篷帳，不見陽光，新芽黃嫩，叫做韭黃，可割取三、四回。

十三　莧菜和茼蒿的栽法。

莧菜有紅、白、紫數種，性喜熱地，太乾太溼，都不相宜。二月到四月裏，隨時耕鬆畦地，播種、施肥、灌溉，越勤越好。苗長後，疏拔數回，拔去的株，仍可供食。經三、四十日，便可採收。

茼蒿莖肥葉綠，香味很烈。春夏時，開黃色的花，可觀賞。

茼蒿

莖葉可吃。春秋二季，都可播種。春播在三、四月裏，揀向陽圃地，施堆肥，造畦，耕地要鬆輭，條播種子，覆藁，施人糞尿兩三回，灌水，經兩個月採收。　秋播在十月裏，施肥兩回，冬季防寒防凍，明年早春，就可採收。

十四　花壇。

花壇、是把園地區分作各種形式，栽培各樣花卉，使庭園增加美觀的。

積土成圓形，中部高起，四面漸低，把高長的花，栽在中央，矮短的花，栽在周圍，叫做塔狀花壇。分土作十字形，栽矮短的花，在十字裏，叫做十字花壇。積土築成階級，一層一層的栽花，好像山坡的樣子，叫做階級花壇，還有三角形、扇形、帶形、毛氈形……等，都可隨意自定。

作花壇，先要知道花的種類、性質、和開花的先後。花的顏色；並早爲豫備，按時移到花壇裏，就常常有花開放了。

十五 萬壽菊和孔雀草、鳳仙花的栽法

萬壽菊和孔雀草、鳳仙花，雖不同種；但播種期和栽培法，大概相同。

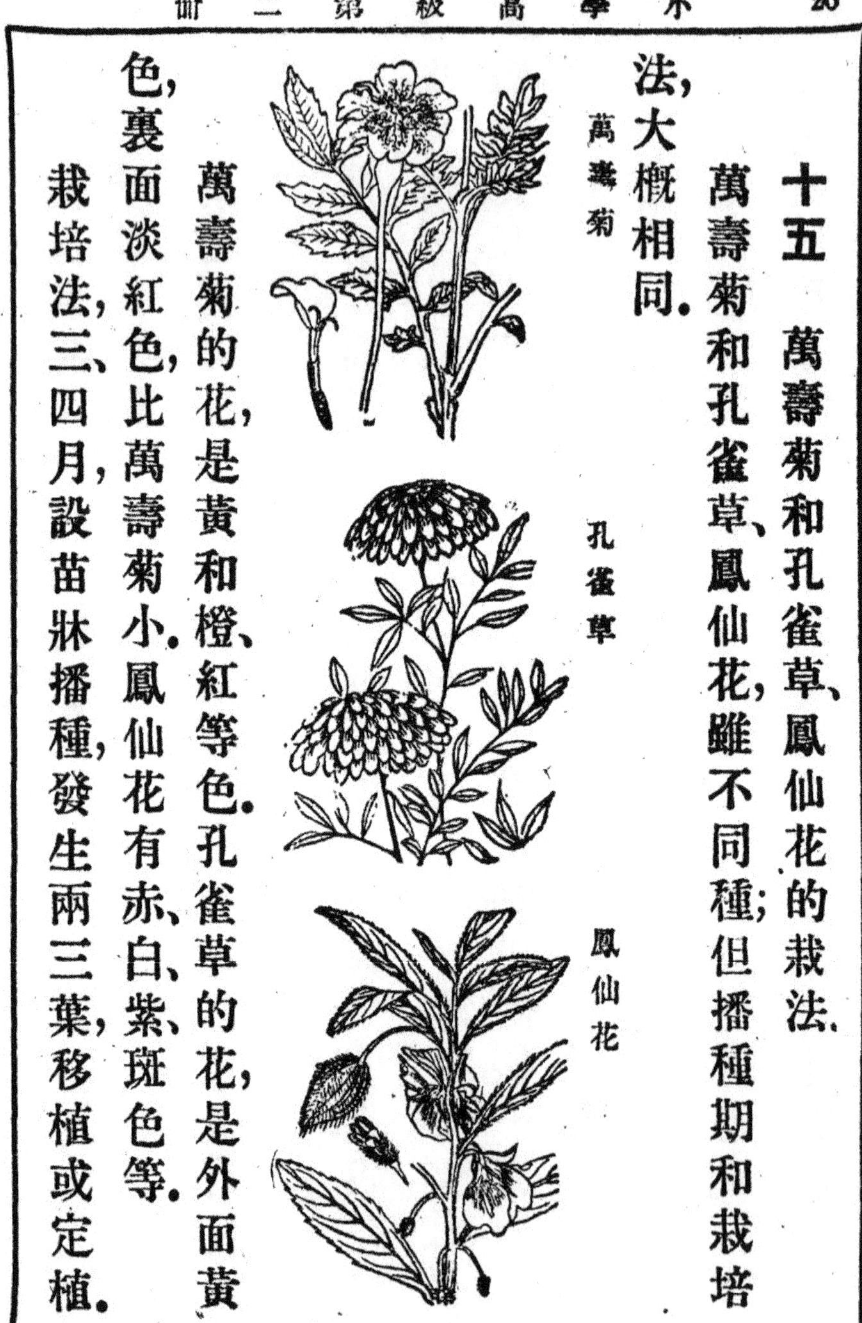

萬壽菊的花，是黃和橙、紅等色。孔雀草的花，是外面黃色，裏面淡紅色，比萬壽菊小。鳳仙花有赤、白、紫、斑色等。

栽培法，三、四月，設苗牀播種，發生兩三葉，移植或定植。

萬壽菊和孔雀草的枝葉，都有臭氣，幹高易倒，要用細竹或蘆莖支架。若花蕾太多，和鳳仙花莖長數寸，都要摘頭。花期很長，可從初夏開到降霜時候。花開後，摘除花梗，勿令結實，便常常有花開放。

肥料，用稀薄液肥或油粕、魚肥……等。

十六　絲瓜、南瓜的棚，和黃瓜、瓠瓜的架。

絲瓜、南瓜、黃瓜、瓠瓜的栽培法，大概相同，可分兩種。

移植法：在三、四月裏，設溫牀播種，到第三眞葉開放時，移到本圃。直播法：五月裏作畦，施基肥。發芽後，疏拔、除草、中耕、施肥，到莖長一、二尺，絲瓜、南瓜圃裏，搭四、五尺高的棚，黃瓜、瓠瓜圃裏，搭二、三尺高的架，令他攀緣上昇發生三、四個

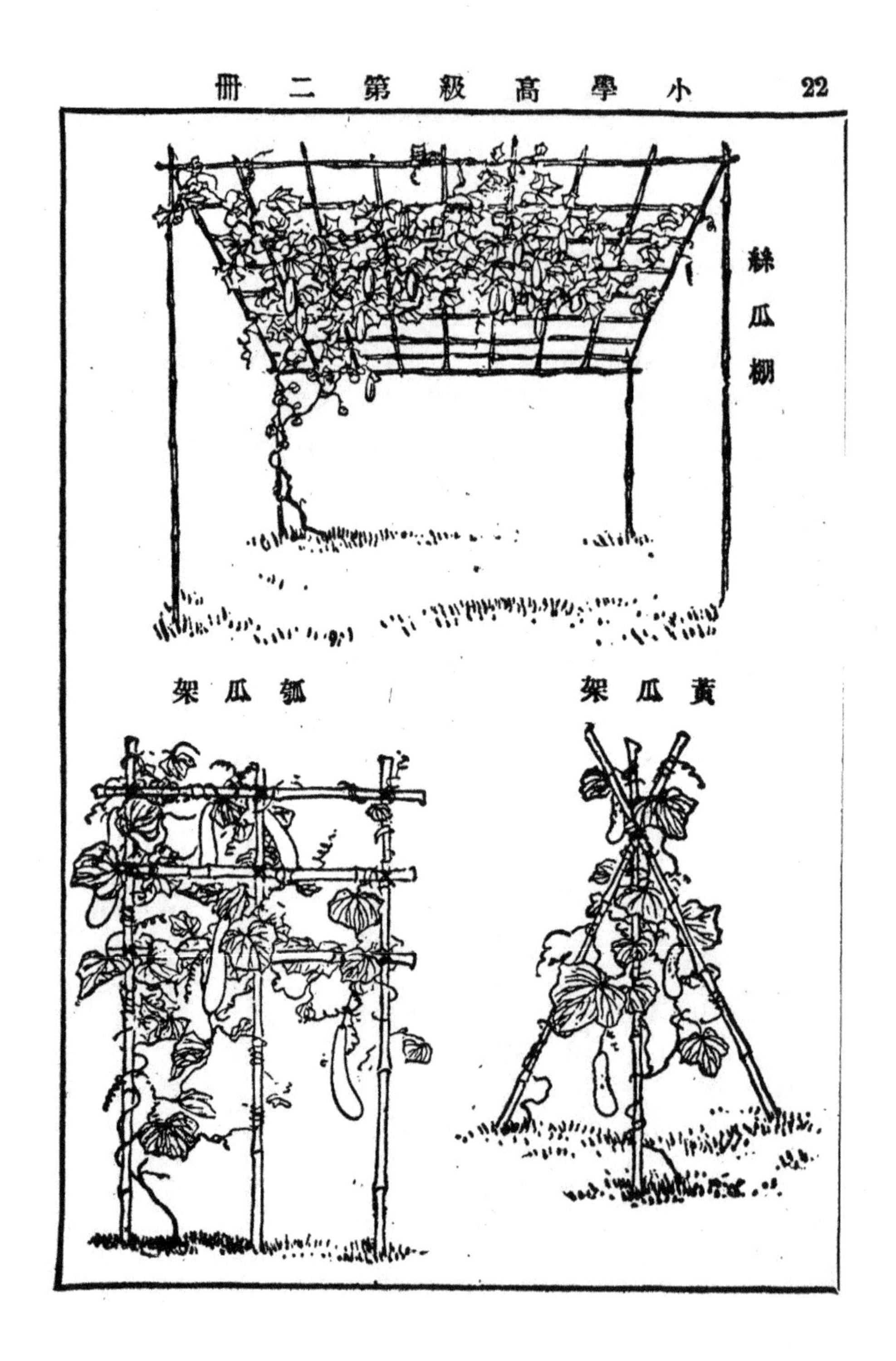
絲瓜棚
瓠瓜架
黃瓜架

眞葉,可以摘心。花蕾太多,也要摘去。花落十餘日後採收。如留作別用,俟秋季採收。

肥料用堆肥、草木灰、人糞尿……等。黃瓜發育很快,性最喜肥,每回施用,更要勤要多。

還有冬瓜、菜瓜、西瓜、甜瓜等,栽法相同,但不搭棚架。

十七 牽牛花的栽培和支柱的搭法。

牽牛花種類很多。花輪圓大和重瓣的,最爲珍貴。性喜肥沃砂質壞土和温暖氣候。

栽培法:四、五月裏,在苗

大瓣牽牛花

牀或木框播種，覆細土，用細孔噴壺灌水，薄薄蓋藁。發芽時去藁，移到小盆。發生四、五葉，再移大盆或別處。若用盆播，須揀大盆；直播園地，須向陽肥土，更加堆肥。

苗長五、六寸，摘去旁枝，留一本蔓，花蕾過多，也要摘去；總以矮生、葉少、花大、重瓣爲上品，但園栽可任其自然。

肥料、各種液肥，都很相宜，而油粕液肥最好，移植一週後，施一回，發蕾後，十天一回，花開時，每天一回；還要常澆水。

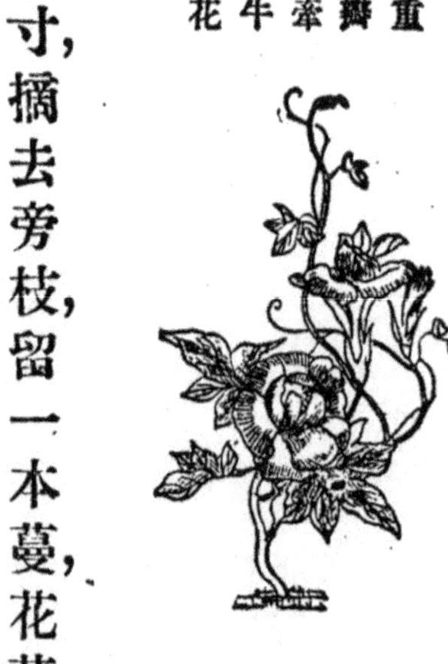
重瓣牽牛花

牽牛花有纏繞的性質，栽在花園裏的亭、臺、籬、牆旁邊，任其爬上；或在盆裏，搭作燈籠形、饅頭形、梯形、塔形、帽子形……等各樣支柱，牽牛花的蔓，就攀緣纏繞着開花了。

支柱

梯形　饅頭形

十八　大蒜、辣椒和生薑的栽法。

大蒜、喜肥沃砂質壤土。地下的鱗莖，叫做蒜頭。春秋二季，都可播種。春播、四月整地，作畦，施肥，種鱗莖。發芽後，中耕、除草、兩三回，並施肥。六、七、八月，採收葉，明春採收蒜苗，七、八月，採收蒜頭。

辣椒種類很多，喜溫暖氣候和腐植質多的壤土。栽培法和茄相同，五月裏定植本圃；肥料以堆肥、魚肥爲主，加人

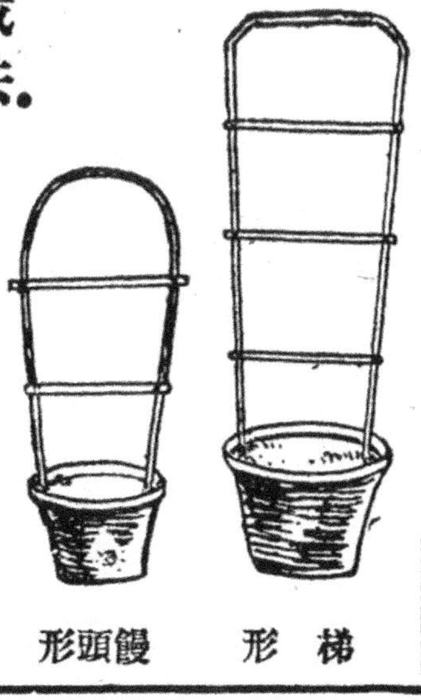

糞尿、草木灰。

生薑、喜砂質壤土，四、五月裏，細耕圃地，施肥、造畦，把薑栽入。一月後發芽。生長期，除草、中耕，忌乾燥。夏季更要在畦間厚覆藁物，保持適度溼溫，以防旱害。八月到十一月收穫。肥料用堆肥、廄肥、藁灰、油粕等液肥，不可用人糞尿。

十九　茉莉花的夾扦法。

茉莉、性喜暖熱氣候和肥沃壤土。七、八月，每晚開單、重瓣白色小花，香氣很烈。春季、苗長三、四寸，摘去發育過旺嫩芽，使發生旁枝，就枝多花密。

茉莉

繁殖法，梅雨期，翦取强壯枝條，從折斷處劈開，夾入大麥或水浸透的小豆一粒，用髮或棕綫纏繞，插扦陰蔭地方，叫做夾扦法。

夾扦法

肥料，用皮、骨、豆餅浸水，或米泔水、人糞尿、堆肥、魚肥……等，越濃越好，但夏季少澆。

茉莉性不畏强烈日光，但怕寒冷，保護的方法，最爲重要。冬宜加土壅根，園栽，用物遮蔽霜雪；盆栽，早早移藏暖地或房內、窖內，春盡方可移出。藏置時，若土太乾燥，於天氣晴和日，用冷茶澆灌，發芽後，方可施肥。明年移植、或隔一、二年換盆時，所用培養土，和金粟蘭相同。

二十 怎樣保護夏季的作物？

夏季温度很高，日光强烈，作物枝、葉、莖和土壤裏的水分，被空氣蒸發，所以常常萎垂或乾燥，保護方法，約分以下各種——

（一）在管理便利的地方，須張傘或搭蘆簾、蓆篷遮護；或揀空地，於四角立柱，高、闊無定，上架橫木，搭篷或覆蘆簾。把花木放置在篷下，早晚捲起，日中放下；這種工作，叫做蔭篷。

蔭篷

（二）正午不宜澆水，日落後或清晨，充分灌溉。

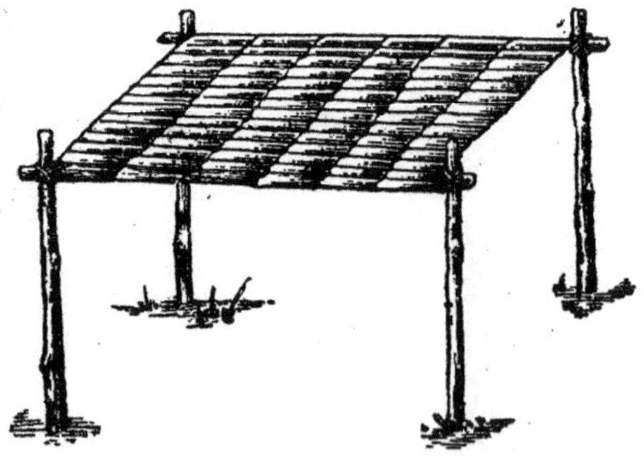

（三）灌溉時，無論使用木勺、噴壺、喞筒……等，宜察看土壤乾燥情形，順次輪澆透遍。瓦盆很易吸收水分，盆栽作物更要多澆。

（四）夏季不宜施肥，若要施用，只可用稀薄液肥。

（五）梅雨期，水量過多，作物根發育未完全的，宜設法排水，以免根部腐爛。

（六）夏季常有驟雨、狂風，凡供觀賞作物，宜在將雨前，設法搬移，以免雨侵、風折；若種在園地，枝幹柔弱的花草，宜在幼小時，用支柱扶住。

（終）

民國十七年十二月再版

小學校高級用
新中華園藝課本(全四册)
○第二册定價銀八分

編輯者　懷桂琛　陸費執
印行者　新國民圖書社
經售處　文明書局　中華書局　啓新書局
分售處　各大書坊

(五〇六八)

新中華教科書

園藝課本

小學校高級用

第三冊

新中華教科書 園藝課本 小學高級第三冊

目次

新中華教科書

園藝課本

小學高級第三冊

一　菠菜和芥菜的栽培。

菠菜喜寒冷氣候，和肥沃壤土。春秋二季，都可播種；但春季播種，容易開花。普通在八、九月，整地作畦，施基肥，或先把馬糞拌在土裏，把種子用布包好，浸溼，俟稍萌芽，條播或撒播，覆土勿厚；芽長一寸後，疏拔，施補肥二、三回。冬季至明春，陸續採收。

菠菜

芥菜喜溫和氣候，和肥沃壤

土。八、九月作畦，施水肥或堆肥作基肥，播種。發芽後，疏拔一回；苗高三、四寸，定植本圃，注意灌溉、施肥、中耕。冬季和明春，陸續採收。還有在黏質壤土的水田裏播種，隨後移植的！

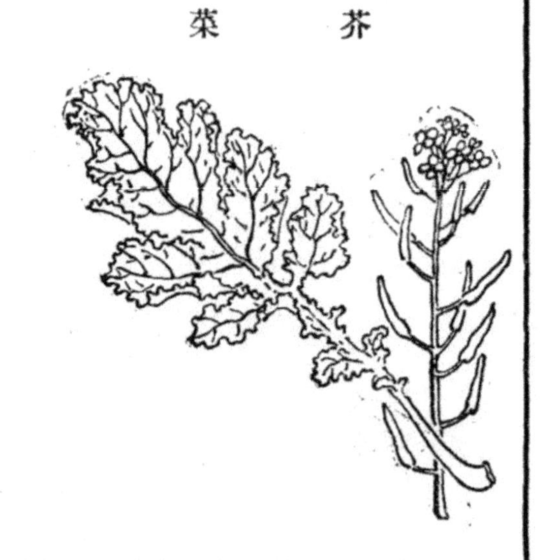
芥菜

二　杜鵑花的插扦。

杜鵑花喜溫和氣候，和排水佳良的腐植質壤土。這花最易變種，枝條也容易變化。繁殖方法，就是把變化的枝條，翦下插扦，或行接木法，都可得到新種。

插扦時期，宜在八月，先選二年生強壯母枝，帶有新條的，用刀切成三、四寸長，插扦在盆或溫牀裏，各枝距離約五寸。土要帶砂，使排水良好。插扦後，容易乾燥，常用噴壺澆水。明春移到小盆，盆土用腐植土七成，細砂三成，並混合豆餅、堆肥等。二年後開花，還要整枝修翦。

肥料用油粕、魚肥等上澄液，忌用糞水。

三 牡丹。

牡丹喜溫和氣候，和排水良好的肥沃壤土。繁殖法有二種。

七、八月，採成熟種子播種，冬季堆壅馬糞等防凍，明春發芽，到第三年秋季移植，再過五、六年，纔可開花。

若欲早開，宜用接木或接根法！秋季揀播種後第三、四年生帶有一、二芽的枝，切下，作爲接穗，接在別的砧木上，次年就可開花。或八、九月把芍藥根部和接穗，都削成三角形，緊密接合，用麻紮緊，堆壅肥土，埋過穗頂，次年也可開花。

肥料，基肥用堆肥、魚肥、油粕，平時用液肥，每月施一回，開花時要立支柱。

四　丁香花的接芽。

丁香花有紫、白二色，喜排水良好的肥沃壤土。八、九月裏，用芽接刀尖端，從砧木離地二、三寸地方，破皮成丁字形，另選本年生强壯新枝，在芽的上下各三、四分處，用刀

芽接刀

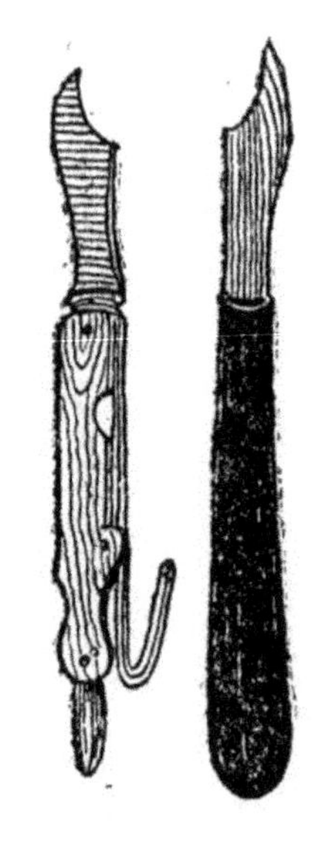

橫淺切開，再在芽的左右各四、五分處，向下薄削，削取後，除去附帶的木質和葉片，保留葉柄，把刀柄的薄片，揭起砧木切口的皮，插入接芽，用麻紮緊，壅土，到明春發芽，再過一年，就可開花；這種工作，叫做接芽法。還可用接枝、插木、播種等法繁殖。若是盆栽，十月裏，連盆埋入土裏。

肥料，每月施液肥一、二回。

接芽法

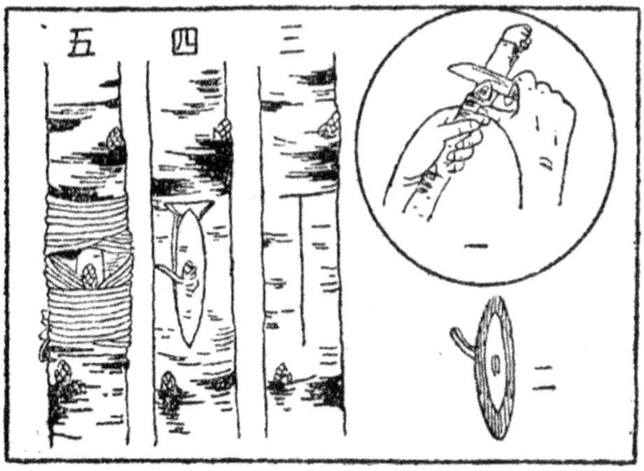

一、在新枝上削芽
二、削取的芽
三、在砧木上破皮成丁字形
四、揭開砧木切口的皮插入接芽
五、芽接後用麻紮緊

五　青菜的栽法。

青菜種類很多：有青梗菜、白梗菜、塌科菜⋯⋯等。煑食或鹽醃，無不相宜。春、夏、秋三季，都可播種。秋末播的，到冬季食用，味道更好；但要用稻藁等覆蓋，防霜雪和凍害。

各種青菜，喜肥沃砂質壤土。平常用條播法，直播本圃；發芽後，疏拔二、三回，常常澆水，並施肥數回，就可食用。也有先撒播苗牀裏，另在本圃施堆肥、草木灰，到幼苗發生三、四个，定植本圃的。株間和條間，不可太疏或太密，肥料用人糞尿爲良。

六　百合的繁殖。

百合種類很多，花有黃、白、赤等色和有斑點的，頗美麗。

鱗莖可吃。觀賞用的，種在盆裏；食品用的，種在圃裏：都要揀排水良好的肥沃砂質壤土。

繁殖法，整地作畦，施基肥；九月裏，把鱗莖栽入，株間，大種的二、三寸，小種的約一寸；覆土後，注意中耕、除草、灌溉；明春施追肥二、三回，秋可採收。或秋、春兩季，取强壯的鱗莖，把鱗片剝下，陰乾二、三小時，在盆或苗牀裏，離開二寸，插入鱗片，發芽後，再行移植；經四、五個月，鱗

百合的花和鱗莖

片的破口處生小球。還有珠芽繁殖法和播種法，但發育很慢。

肥料用堆肥、油粕、豆餅……等。

七　甘藍的栽法。

甘藍種類很多：球葉甘藍俗叫捲心菜，葉色綠或紫，和球莖甘藍的葉、莖都可吃；球花甘藍，花可吃，一名花椰菜：都

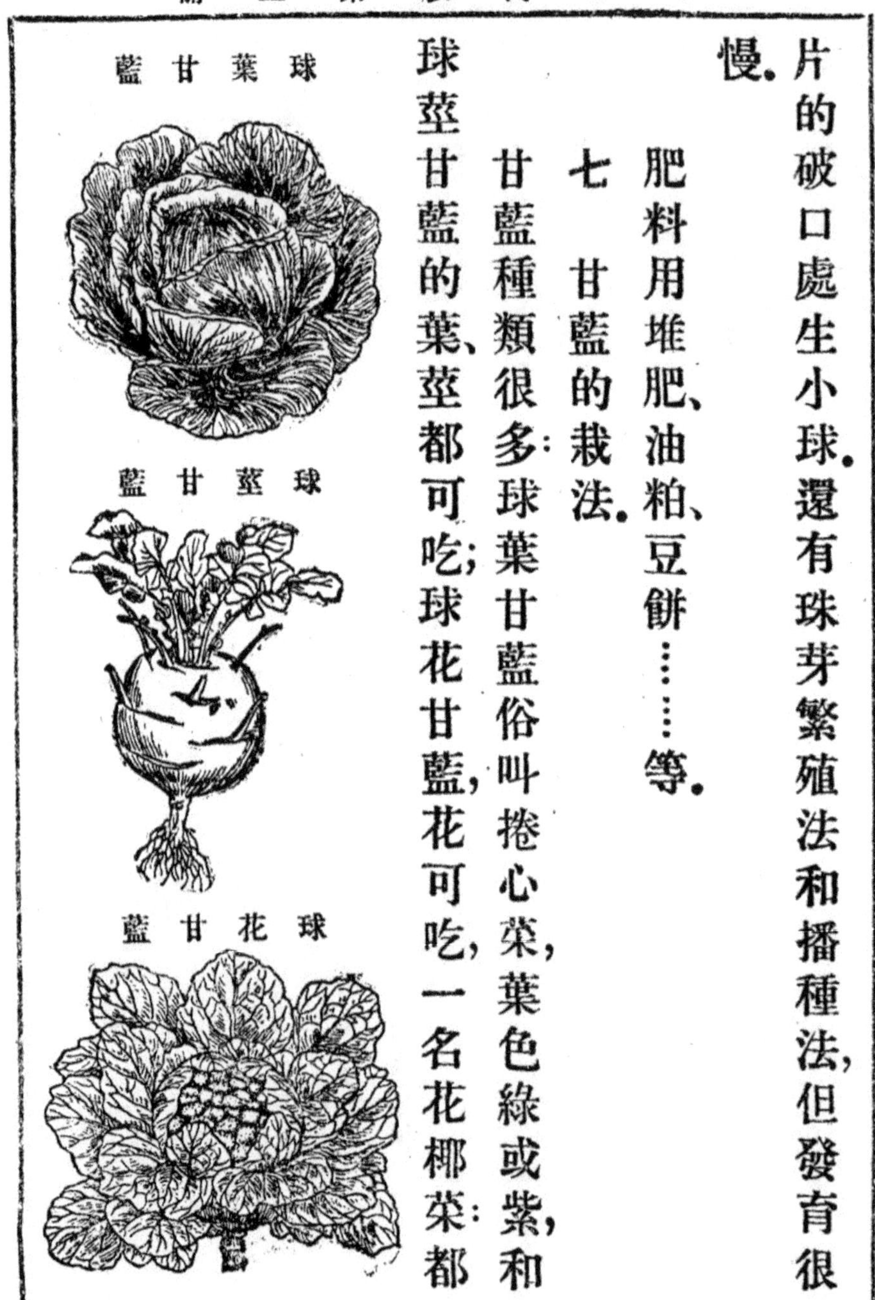

球葉甘藍

球莖甘藍

球花甘藍

喜寒冷溼潤氣候和砂質壤土。九月下旬，播種温牀，冬季覆物防寒，明春四月定植，春夏採收。或一、二月播種温牀，也可同時採收。若不欲早收，四、五月播種冷牀，六、七月定植，十月、十一月採收。

無論秋播、春播，發芽後，除去覆物，施行疏拔；眞葉開放二、三片的時候，灌水牀地，然後移植。寒地移一、二回，暖地要移二、三回或三、四回，纔能結球。肥料用油粕、人糞尿。結球前一个月，施一、二回，不可太遲。

八　蘭花的分根。

蘭花栽培極難，種類很多，最有名的，有甌蘭、建蘭、蕙蘭、素心蘭……等。

繁殖，有播種、分根二法。但蘭花種子很小，播種不易。通常多用分根法，揀九、十月或四、五月，從盆裏取出，洗淨，翦除腐根、枯葉，另揀深盆，盆底放炭末和粗砂各一成，置蘭其上，再放入中粒砂二成，蓋上細砂一成，堆到離盆口一寸處爲止，最後灌水，一週後，纔可見日光。

灌水勿厭煩，普通品稍加土，可省灌溉。河水、雨水最好，若用井水，須曝晒半日或一日。肥料用豆餅汁、雞鴨毛水、冷茶，還要避强烈日光和寒凍。

九 椶櫚、芭蕉、鳳尾蕉的栽法。

椶櫚宜輕鬆壤土，最喜暖地；北方氣候稍寒冷地方，雖可栽培，但祇宜盆栽，放在溫室內。八、九月，掘地作穴，放入狗糞，播種子，用肥沃壤土覆平，隔一、二日，澆河水一回，一月後發芽。性喜肥，但不宜直接施用，每月澆河水一、二回。椶綫可紮縛花枝，耐久不爛。

芭蕉也喜暖地，和高燥砂質壤土；怕寒冷。秋、春季分根栽種；或取小株，用釘蘸油，横刺兩眼，就不致長大，合於盆栽。

鳳尾蕉所喜的氣候土性，和芭蕉相同。九、十月播種，覆土宜深。平時不需施肥，但用鐵屑和泥壅根，自能發育。若葉萎黃，把鐵釘燒紅，烙入根部，兩回後，還無效驗，就掘起修根、換土、重栽。

十 天竺葵的插扦。

天竺葵，俗名洋繡球，是外國來的花種。種類很多，花有紅、紫、白、黃、環紋等色，和單、重瓣的分別。花期從春季到秋末，陸續不斷。性怕寒冷，園栽，要揀向陽乾燥地，冬季放置暖處，還能開花，所以又叫做入臘紅。北方祇可盆栽，冬季要放在室內，南方則否，所以在南方的，有時長大作灌木狀。

三、四月到十月，隨時都可插扦。先把園土和砂，等量拌勻，放盆內，揀完全枝梢，切二寸多長，等切口略乾，插扦，稍撒水，放在陰處，十天可以生根，二十天後，移到小盆，長大，再移大盆。若在十一月或二月插扦，一个月後，纔可生根。培養土用砂質壤土六成，腐植土、粗砂各二成，並混少許豆餅。或春季播種溫牀，發芽後移植。

肥料用人糞尿、豆餅汁……等。第一回移栽時，在二、三寸部分摘頭;旁枝伸長二、三寸,再摘頭。

十一 葱和洋葱的栽培。

葱,不擇氣候和土質。九月播種冷牀,覆藁物,明春假植一回,八月定植,秋、冬採收。或十月播種,明春設畦移植,夏季採收。或三、四月播種冷牀,發芽後,施肥,中耕,八、九月定植,冬、春採收。還有用分蘖法繁殖的。

葱

洋葱,又叫洋葱頭或玉葱,宜温涼氣候和腐植質砂質壤土。暖地,九月播種温牀,發芽後,疏拔,施肥,明春移植,四、五月採收。寒地，早春播種，七、八月採收。無論寒地暖地，中耕時，要耙開根旁的土，露出半球在外，以便發育。

葱和洋葱，都用堆肥、草木灰、油粕、人糞尿……等肥料。

洋葱

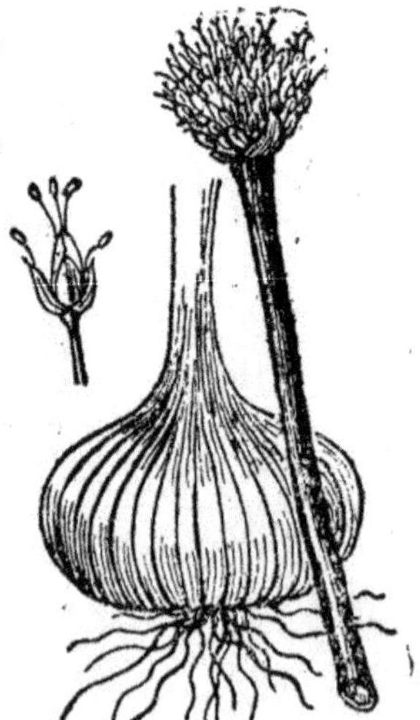

十二　白菜的栽法。

白菜，俗稱黃芽菜，北方又叫黃芽白，山東白。喜寒冷溼潤氣候和砂質、腐植質壤土。我國河北、山東產的最良。

栽培法，北方七、八月，南方八、九月，熟耕麥作或瓜類的舊地，施堆肥、油粕，拌勻，北方作平畦，南方作高畦，條播或點播種子，覆薄土，蓋藁物，發芽後疏拔數回，最後一回，施油粕或人糞尿。若欲移植，最好俟苗生有七、八葉片時，移到本圃，隨即灌漑。

肥料，除基肥外，還要施人糞尿三、四回。結球種吸收肥料更多，要施五、六回；到將成熟時，又須用稻草把葉紮起，纔能結良好的球。

十三　果實的採收和貯藏

果實種類很多，成熟時期，先後遲早不等，雖是同種的樹，成熟也不一律，採收時，須看果實品質和需要目的而定。生吃的，須等十分成熟；若欲運到遠地或貯藏，就當採取稍早，不要全熟。

採時，登踏梯用手摘取，或用翦刀連枝翦取，不可攀升

樹上，折斷枝梢，或振動樹枝和用物擊落果實，損傷樹身！

果實採收後，分別形狀、品質和成熟的程度，除去有傷害和蟲害的，把完全果實，排列在向北風涼屋裏兩三日，讓水分稍稍蒸發，再放入礱糠或木屑裏；上等品，每个要用白紙包裹，或用有光紙光面向裏包裹亦可。

踏梯

十四 薔薇的插扦。

薔薇種類很多，花有紅、白、黃等各色和單、重瓣等形。九、十月裏，最好揀向陽地方，搭篷，用肥沃輕鬆園土，設冷牀或温牀，翦取當年生强壯枝條，帶有二、三个芽的部分，長約三寸，照三、四寸距離，插扦土裏，勿見日光，常常澆水，一个月後，發芽生根，明年十一月，就可移到有培養土的盆裏或露地。還有接木、接芽、播種、壓條等法，也可繁殖。

薔薇是蔓性灌木，無論栽在何處，都要搭支柱，每年春季，修翦枝條。肥料用廄肥、混合骨粉、草灰的稀薄液肥，發育後，十天施一回，花謝後，回數稍減。

十五　豌豆的栽法

豌豆有紫花、白花二種，又有蔓性、半蔓性、矮性的分別。宜寒冷乾燥氣候，和腐植質、石灰質壤土。忌連栽，年年要更換地方栽培。

十月裏，耕地作畦。矮性種，畦寬二尺，株間一尺餘，蔓性種，畦寬四尺，株間一尺五寸；每畦分二列，用點播法，每穴播種子二、三粒，覆草木灰一把，發芽後，中耕、除草，少施稀薄液肥。蔓性種還要插立竹枝，以爲支柱。明春三月後，白花種豆莢青嫩，陸續採收；紫花種須待莢老熟，纔可收穫。肥料用堆肥、草木灰、豆餅、人糞尿等。

蠶豆也可照這个方法栽培。

十六　園藝作物的採種。

採收種子的方法，因作物的種類和時期，有種種不同：

甲、花卉類的採種：

（一）一二年生花卉類　花謝後，俟莖葉萎黃，採收硬老的種子。但像鳳仙……等，果皮容易開裂，採收宜早。

（二）宿根類　像芍藥……等，冬期用稾覆蓋。

（三）鱗莖類　像水仙……等，莖葉枯萎後，採收鱗莖。

乙、蔬菜類的採種：

（一）葉菜類　俟莖葉黃萎時，拔起晒乾，揉落種子。

（二）根菜類　蘿蔔，蕪菁……等，採收方法同上；甘藷、藷蕷……等，掘根採收。

（三）果菜類　胡瓜、茄子……等，要俟蔓莖枯黃後，採收果實，放置數日，懸在陰涼地方，去瓤取子。

（四）莢菜類　俟莢硬老，揀大粒的採收。

丙、果樹類的採種：　俟果實成熟，連梗剪下或摘下，剝去果肉，收藏果核。

種子採收之後，無論晒乾、風乾，須用手選、風選、水選或篩選，沒有夾雜物混在裏面，用紙袋、布袋或玻璃器具……等裝好，放在乾燥地方。

十七　修翦和整枝。

果實的枝梢，發育過長、過高、過密，必定結出的果實，很小、

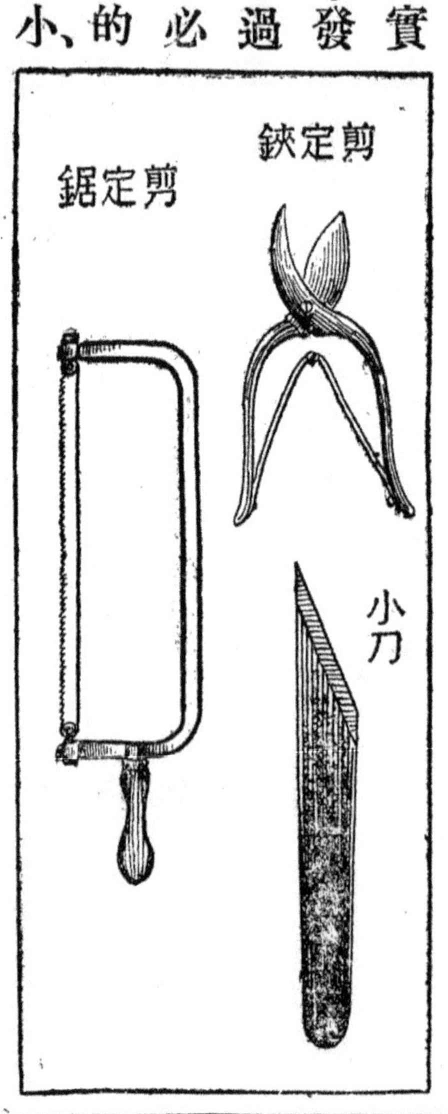

很少或品質變壞，所以要用翦刀、鋸、和小刀，把無用的部分修去，讓需要的部分生長。

修翦法，有摘芽、翦枝、剝皮、摘果等；最緊要的是翦枝。翦枝時期，常在秋季落葉後，和春季發芽前；也有在夏季修翦的。翦時，不可誤翦花芽，切面尤要平滑。

修翦後，再用人工整理，作成各種樣式；像圓錐形、扇

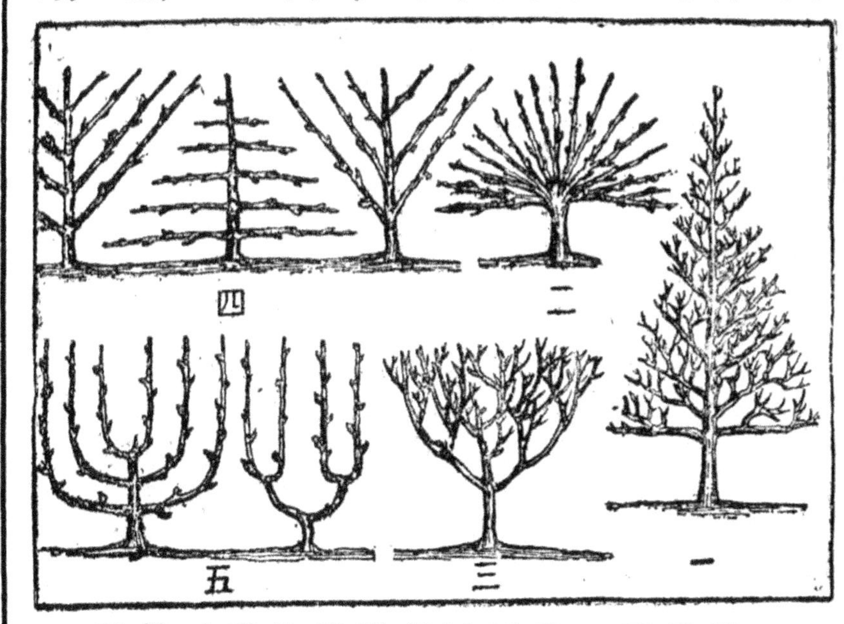

一、圓錐形 二、扇形 三、杯形 四、肋形 五、釵形

形、杯形、肋形、鈹形……等，叫做整枝。

整枝的功效，可使日光照透，空氣流通，果實美大，管理採收容易，而且美觀。

十八　秋末的紅葉和冬天紅果綠葉的作物。

作物的葉，在秋末變美麗紅色的，種類不一：像雁來紅、雁來黃，栽培容易，肥料用人糞尿、油粕；像楓、槭，宜肥土，避烈日，常澆水，肥料用稀薄豆餅汁，但秋後要減少。

冬季有紅果的作物；除天竹和果樹類外，有落霜紅，秋季播種温牀，明春移植，常澆水，肥料用人糞尿、豆餅汁……等。草珊瑚，三月播種或四、五月分根，避烈日，春夏二季，施稀薄液肥數回。

冬天常綠的作物:石菖蒲,宜水栽,勿施肥料;吉祥草、文竹,喜肥土,宜溼潤;萬年青,宜肥土,施液肥和茶汁;仙人掌、仙人拳,只要常給水分;還有松、柏、竹、冬青……等,都喜乾燥,嫌潮溼。但在北方,吉祥草、文竹、萬年青等,只能用盆栽,冬季放在室內。

十九　芙蓉花的插扦法。

芙蓉喜近水邊肥沃壤土,或腐植質壤土。花有紅、白、黃等色,和單、重瓣的分別。

十二月裏,揀當年生發育強壯枝條,用鋸、或刀、翦,切成一尺多長,在向陽乾燥地方,掘坑,把枝條橫放在坑裏,覆土;明年三月,打開坑土,取出枝條,都生葉芽。另在水邊或適宜地方，掘一尺深的穴，用桶盛溝泥、人糞尿、腐草等，攪勻，放入穴裏，插扦枝條，露出二寸餘在外面，覆土，壓平，用稻草等遮護，十餘日後發育。生長期內，隔四、五天施濃厚肥料一回，花期不可施肥。

芙蓉雖耐寒冷；但冬令還宜用稻草包裹根部。切鋸枝條和埋放、插扦時，勿傷外皮。

二十　蒸室、溫室。

用人工催促花卉早開的花，叫做堂花，又叫烘花。就是利用溫熱、使作物容易生長發育。他的設備，約分二種方法——

(一)蒸室　選向陽地方，面南作屋，屋頂厚蓋稻草，四面築牆，或疊土坯；東、西、南三面設玻璃窗，並於南面裝門，可以出入，室中空隙，用紙密糊，於是排列花盆。就室中適宜處所，安置火盆，上設竹架，被以溼蓆，使發生蒸汽，溫暖全室。

（二）溫室　溫室的要點，也須面南向陽，屋頂南深北淺。北用板葺，固定不動，南蓋玻璃窗，裝有車輪和橫桿，可自由開閉。北面砌壁，南面開門，東、西、南三面，都有氣窗，以便必要時流通空氣。室內疊甎作架，排置花盆，裝置火爐，或蒸汽管，發生熱氣；並於適宜所

溫室

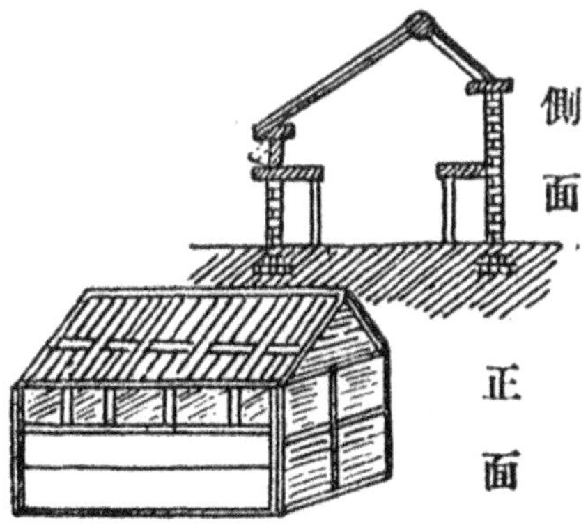

側面

正面

在;備一寒暑表,使室內温度,保持四十五度至五十度。

（終）

民國十八年六月三版

小學校高級用
新中華園藝課本（全四冊）
○第三冊定價銀八分

編校者 懷桂琛 陸費執
印行者 新國民圖書社
經售處 文明書局 中華書局 啟新書局
分售處 各大書坊

（五一六一）

新中華教科書

園藝課本

小學校高級用

第四冊

新中華教科書

園藝課本

小學高級第四冊

目次

新中華教科書

園藝課本

小學高級第四冊

一　蔬菜的促成栽培。

促成栽培，是在天氣寒冷時候，培養沒有到時的胡瓜、茄子、菜豆、豌豆……等，令他在短時期裏，發育成熟，提早收穫。最簡單的方法，就用冷牀和溫牀；不過規模更當擴大些。

（一）單面牀　闊六尺，長不定，四面圍板和稻草，北面高五尺，南面高三尺。堆入馬糞等物，約高二尺餘，踏平後，再鋪肥土，高三寸。上搭蘆簾或蓆，晴暖捲開，夜晚和

單面牀

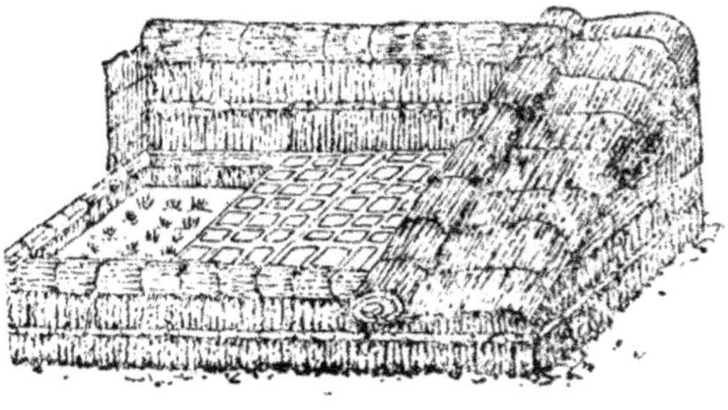

天寒關閉。

（二）兩面牀　闊八尺，長不定，四面高度一律。在橫面的中央立柱，上架橫梁，蓋蘆蓆，式樣像屋。

還有用玻璃窗作蓋，並利用火力、蒸汽力的。設備更爲完密，不過費用太大罷了。

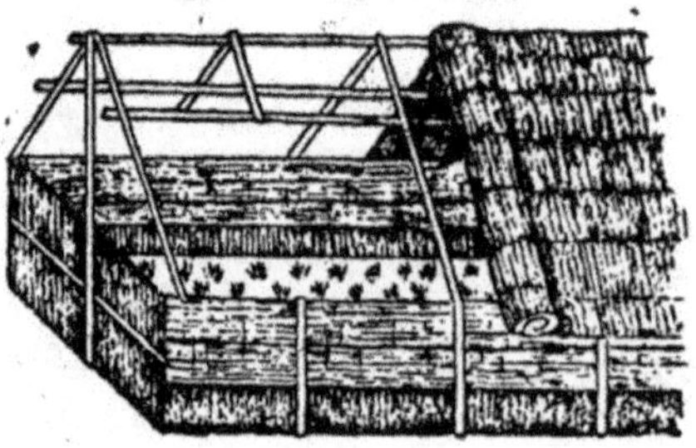

兩面牀

二　蔬菜的輭化栽培和貯藏。

輭化栽培，是在暗處栽培或移植作物，把莖、葉變成白黃色和柔輭的。有兩種方法：

（一）露地輭化　揀適宜地方，掘寬一尺七、八寸，深一尺二、三寸的溝，鋤鬆土地，施肥料，栽培葱、韭……等，俟幼苗生長，堆壅草木灰、落葉。溝上仍用稻草、蓆子遮蓋。

（二）地窖輭化　揀高燥向陽地方，掘寬約二尺五寸、長四尺、深一丈的窖，築土階，以便昇降；耙平底部，作數個苗牀。栽培薹、蒿苣、青菜、白菜、旱芹、塘蒿、石刀柏等。窖口蓋木板，防溫度外散，雨水侵入。板的反面，裱糊油紙。夜晚和雨雪，再蓋草薦或蓆。蔬菜、果實，

輭化窖

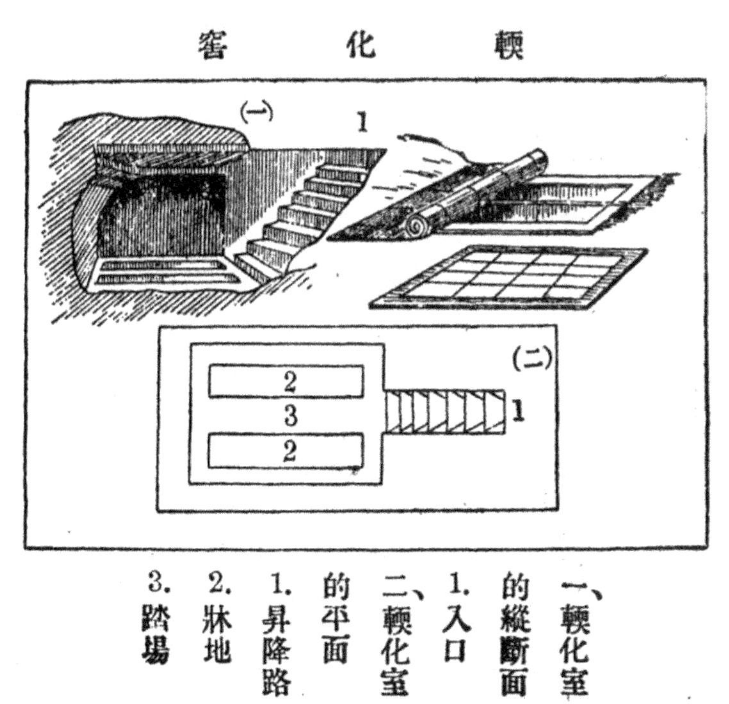

一、輭化室的縱斷面　1.入口
二、輭化室的平面　1.昇降路　2.牀地　3.踏場

也可在此貯藏。

三 荔枝和龍眼的栽法。

荔枝、宜炎熱氣候和砂質溼潤壤土。果實球形，表面硬殼有顆粒，果肉白色。二、三月在苗牀條播種子，二十餘日發芽，二年後定植；或在四月裏，截斷枝條插扦；或揀强壯枝條，刮去外皮，約長二、三寸，壅肥土，用欙包裹，八、九月枝上發生細根，鋸下栽植；或在晴暖日，照接木法接插，用牛糞、泥、包裹，都可繁殖。性怕寒冷，霜、雪時，在樹下焚燒稻草。根易浮起，秋、冬時，用淤泥、人糞壅蓋。

龍眼、又名桂圓，果實硬殼平滑。所喜的氣候、土性、繁殖等法，和荔枝相同。但第一回接木後，經過三、四年，鋸去半邊再接，共接三、四回。

荔枝和龍眼，定植距離，二、三丈種一株，株距離五、六尺。冬季都要修翦和整枝。

四　甘藷和藷蕷的栽法

甘藷、又叫山芋、香藷。宜溫暖氣候和肥沃砂質壤土。栽培法先要育苗，三月裏，寒地設溫牀，揀完全塊根，種下，幼蔓成長五六寸時，在離地二三分高處，摘斷或翦斷，分插圃裏。行間距離三尺，株間一尺半。暖地不用溫牀，熟耕圃地，施草木灰、馬糞，切開塊根，種下，也要翦斷蔓莖分插。定植後，常翻動蔓莖，秋冬採收。肥料用人糞尿、堆肥……等。

藷蕷，又稱山藥，所喜氣候、土質、肥料和甘藷一樣。二、三月，擇肥大塊根，切作數塊，塗草木灰，種下，常澆水。蔓莖發生，搭支柱，二三年後採收。或用種子播種，但生育很慢！

五 萵苣的栽法。

萵苣有二種：結球種像甘藍，不結球種的莖像筍，所以又叫萵苣筍或萵筍。宜肥沃砂質壤土和涼冷氣候，怕炎熱。

結球萵苣

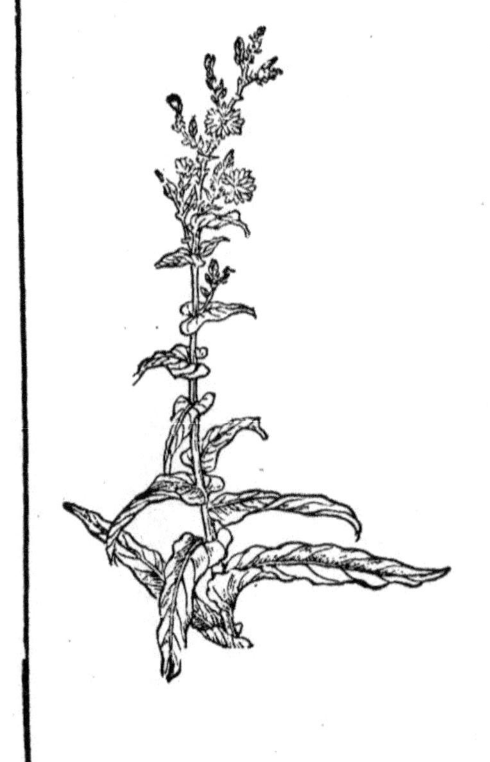
不結球萵苣

一年裏，從三月到九月，可播種七回。先撒播苗牀，覆薄土，發芽後，疏拔，幼苗長成，便可移植。或不設苗牀，直播本圃。

蒿苣的根很細，移植前，整地要熟，作成高畦，寬約四尺，施堆肥、油粕、草木灰作基肥。每畦植四行，行間距離五六寸或七八寸。結球種株距二尺，不結球種一尺餘。花梗抽出後，摘去下部的葉，經四五十日收穫。若在冬季，有防寒的設備，可週年收穫。肥料用人糞尿、堆肥……等。

六 水芹菜、旱芹菜、和塘蒿的栽法。

水芹菜宜溫和氣候，肥沃水田。三月，整地，施堆肥、人糞、油粕等作基肥。採取水芹的根，切斷一寸或半寸長，堆積，蓋草薦，常澆水，勿燥，多翻轉，細芽發生，撒布田裏。苗漸成長，水也要加深，秋冬採收。

旱芹菜，又叫藥芹。宜溫涼氣候，排水良好的腐植質壤土。三月設畦，播種，發芽後，施肥、除草、中耕要勤，六、七月到冬季採收。

塘蒿，又叫洋芹菜，種類很多。宜涼冷氣候和砂質腐植質壤土。三月，用砂混合種子，播種溫牀。或四、五月在冷牀播種。眞葉發生三四片時，可以移植，或再假植一回更好。也可用壅培法而得輭白肥嫩的莖，味極甘美。

七 夾竹桃的壓條、和果樹的筒取法。

夾竹桃，喜溫暖氣候，怕寒冷，栽培的土，要腐植質和肥沃壤土。生長期不可缺肥料，花開時要減少。三月，掘開根旁的土，或預備花盆盛土，把枝條彎曲，埋入土裏，深二三寸，用鐵絲、竹梢或木片，削成叉形，挾枝條插在土裏。俟秋季發生新根，從母樹切開，叫做壓條法。凡蘋果、葡萄……等，都可用這法繁殖。

若是果樹的枝條位置很高，不能行壓條的時候，三四月，用刀在發育良好的枝條周圍，稍稍切破外皮，用兩半竹筒或花盆，充滿肥土，縛紮枝上，發根後，切斷，移

壓條法

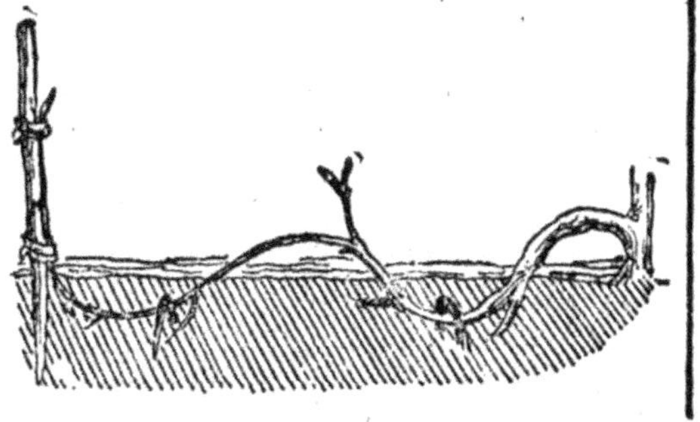

筒取法

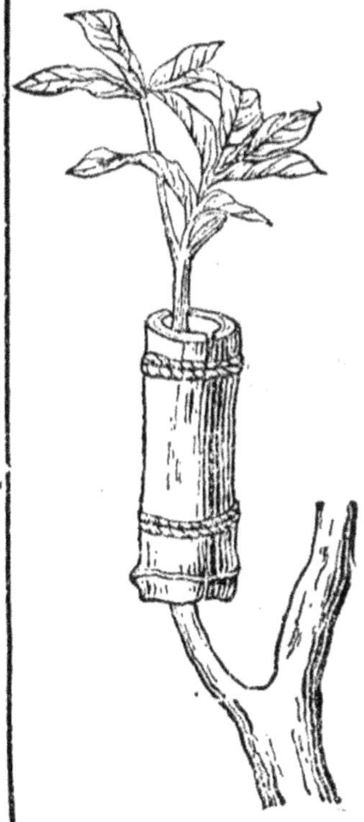

植，叫做筒取法。

八　芋的栽法。

芋喜溫暖溼潤氣候，怕寒冷，宜排水佳良的肥沃壤土。年年要換地方栽培，新開墾地方，更好。

三、四月，熟耕圃地，大種的芋，種一行，畦寬三尺；小種的，種兩行，畦寬五尺。株間距離七、八寸到一尺五六寸，覆土要二、三寸深。經十四五日到二十日，纔能發芽。或先在砂質壤土假植，俟發芽後，定植本圃。生長期，灌水、除草、中耕要勤。蘖芽發生，宜速摘除。若欲多生子芽，就任其長大，九、十月採收。

肥料，除用堆肥作基肥外，以後用人糞尿、油粕、糠……等。施肥不可遲，七月以前，就要停止。

九 睡蓮和玉蟬花、燕子花、蝴蝶花的栽法。

睡蓮，是根莖植物，喜溫暖氣候和池塘肥土。三、四月，取池塘溝渠的泥土，鋪積缸鉢底部，再放培養土，栽植根莖，注水約五寸深。或用乾燥園土，混合人糞、牛糞、油粕……等作基肥，再放培養土亦可。注水後，常放在向陽地方，六月到秋季開花，冬防寒凍。

玉蟬花、燕子花、蝴蝶花等，都喜池旁溼潤和灌水便利地方，栽培法也相同。三、四月，播種苗牀，常灌水。苗長二、三寸，施液肥一回。梅雨期，照七、八寸距離移植。肥料用堆肥、人糞尿、油粕……等。施肥量要多，夏日、秋季、發芽前、開花前、落花後，各施肥一回。

十 栽培葡萄和搭棚架。

葡萄喜温和氣候和砂質、礫質壤土，地勢要稍向東南面傾斜，無强風的地方。

繁殖法有四種，最簡便通行的是插扦和壓條，都在四月上旬實行。接木、播種兩法，不很通行！

定植不可過深，定植後，和發芽前，都勿施肥。肥料用人糞尿、油粕、酒糟、草木灰……等替換施用，叫做輪肥法。

葡萄是蔓性果樹，成長一年

葡萄架

後，在發芽前或秋季，從本榦四、五尺高的地方，翦斷，四角距離六尺立柱，用竹或杉木搭棚。新枝、發生，用繩引紮四方，再翦斷枝梢，令再發生新枝，分配全棚。年年還要修翦。

十一　柑、橘的栽法。

柑、橘種類很多，用途極廣。宜高溫氣候和砂質壤土；排水良好的黏質壤土，也可栽培。

繁殖有實生、接木兩法。但實生法，結果不多。接木法，先揀枳殼和柚樹果實，在三、四月裏種下，明春移植。俟枳殼經二、三年，柚五、六年，養成砧木，暖地四月，寒地五月裏，用切接法接上。過三、四年後，揀四月裏定植。定植距離，從方八、九尺到二丈四尺，根旁用藁遮護，以防乾燥；冬寒，用藁包圍樹身，以避凍害。肥料，枝葉發生後，施液肥，以後春初用河泥、堆肥，初夏用人糞尿、豆餅汁，秋冬和冬春之間，替換施用。過長過密的枝條，稍稍翦去，整枝作圓錐形。也有盆栽作觀賞植物用的，但結的果實很小，不可吃。柑橘類生長遲緩，定植後數年內，園地還可栽培別種作物。

十二　棗和柿的栽培。

棗，種類很多，宜溫和或稍寒氣候和肥沃溼潤壤土，忌乾燥。產河北山東的，形圓大，有紅、黑兩種，叫做北棗；產浙江安徽的，形長色紫，叫做南棗；產在蘭溪的特別肥大，叫做蘭棗。春秋兩季，雖可用實生法繁殖，但發育很緩，通常把棗或君遷子樹作砧木，暖地三月，寒地四月裏，用接木法接上，二、三年後，在春季晴暖日定植。定植距離，一丈二三尺到二丈，株距一丈。預防霜雪法，在樹下焚燒稻草，冬用草和肥土壅護根部。

柿喜溫和或稍寒氣候，和含砂礫肥沃壤土。把柿或君遷子樹作砧木，暖地三月，寒地四月裏，用接木法接上，接過數回，就沒有核。定植，暖地在秋季，寒地在冬季。先掘穴，施堆肥、米糠等，栽入，距離和棗同。

十三　苹果和梨的栽法。

苹果，宜寒冷稍溼潤氣候和砂質肥沃壤土。果實扁圓，品種很多。繁殖有實生、壓條、插扦、接木等法。最通行的是把苹果、海棠、沙果等樹作砧木，暖地三月，寒地四月裏，用接枝或接芽法接上，但我國都用壓條法。苗木經二、三年定植，一年後要整枝：長幹杯形法，在離地五、六尺高的地方，翦去上端，留三、四個主枝，第二年又在新枝上各留二個主枝，第三、四年以後，也是這樣，使樹向四方平均發育。短幹杯形法，是在離地三尺處翦斷。還有圓錐形、垣形……等。每年冬季要修翦。肥料，替換施用堆肥、人糞尿、草木灰……等。

梨，種類很多，宜稍寒氣候，各樣土壤，都能栽培。繁殖，用榲桲、梨、楊、作砧木。接木和定植時期、肥料、修翦等，都和苹果相同。整枝宜照栽葡萄方法，搭作棚形；但不很通行。

十四 落花生和胡麻的栽法。

落花生有大粒和小粒二種，性喜炎熱乾燥氣候，和輕鬆的砂土。在四、五月裏，用點播法播種，條間二、三尺，株間一、二尺，每點播下種子二粒。播種前，先把種子從莢殼中取出，浸在水中，曝日光下，稍稍發芽，纔可播下。發芽後，約經一月，施行第一次中耕，並施液肥。再隔一月，施行第二次中耕，以後注意除草。至十月、十一月，葉漸變黃，便可掘取果實。肥料宜多用草木灰。

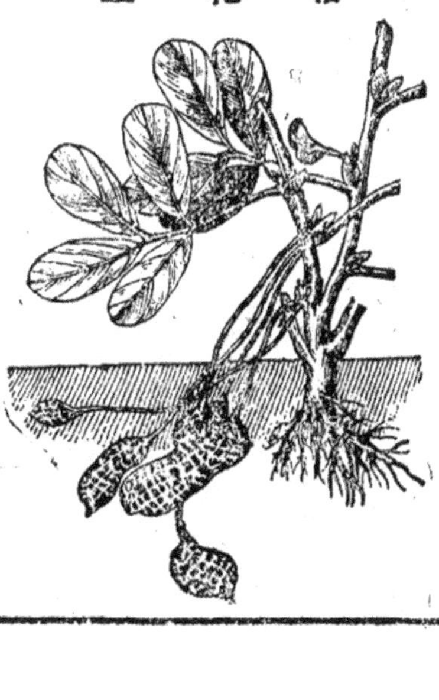

落花生

胡麻，一稱芝麻，性喜溫暖乾燥的氣候，和排水良好的砂質壤土。在四、五月裏，用條播法播種，條間二尺內外。播時，須把種子同細砂或草木灰拌和,可均匀播下。苗長二寸時,施行疏拔,使株間距離約二、三寸,以後須中耕數回,末次中耕,宜把土壤壅在根旁。到八、九月裏,葉莖凋落,蒴果變色,就要收穫。肥料用堆肥、魚粕等爲佳。

胡麻

十五 害蟲預防和驅除法怎樣?

害蟲的害處,前面已經講過,所以在害蟲沒有發生以前,要設法預防。預防的方法:

(一)選强壯能抵抗蟲害的品種;

（二）播種不可太早太遲，過疏過密；

（三）園圃和盆裏的土，要排水便利；

（四）實行輪栽；

（五）中耕、除草要勤，

（六）秋末或冬季，搜尋害蟲的成蟲、幼蟲、蟲卵等，弄死或燒死；

（七）用紙袋包裹果實，防害蟲侵入。

害蟲已經發生，要看害蟲的種類，設法驅除。驅除的方法：

（一）空手或用捕蟲網捕捉；

（二）用糖、蜜或燈火誘殺；

捕蟲網

誘蛾燈

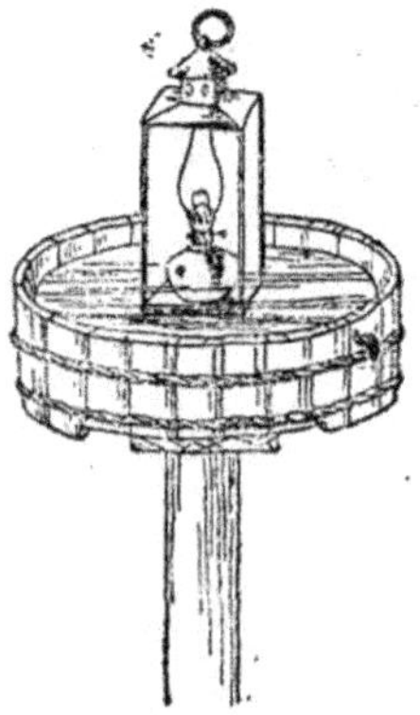

噴霧器

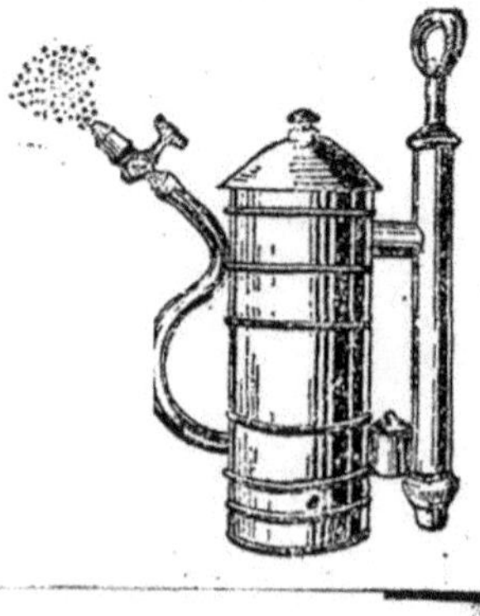

（三）用紅砒……等，撒布作物葉莖上毒殺；

（四）用藥劑和藥粉，噴射或薰蒸撲殺。

十六 作物病害和防除法怎樣?

作物體的表面或組織裏，常有黴菌寄生，吸收作物的養料，使作物根、莖、葉、花、果實、樹皮、木質、葉脈的一部或數部，發生腐爛、萎縮、斑點、白澁、黑穗、鏽……等現象，叫做病害。

黴菌，體很細微，種類很多，常用胞子傳播繁殖，蔓延很

快!所以預防最是重要。預防的方法:

(一)選强壯能抵抗病害的品種;

(二)適當播種;

(三)注意排水;

(四)實行輪栽;

(五)中耕、除草要勤;

(六)空氣、日光流通;

(七)果樹修翦後,用蠟塗在切面。

若是已有黴菌侵害,就要摘去或拔去被害部分燒燬,或噴射藥劑、藥粉,殺滅菌類。

十七 盆景的位置和花色的配合。

盆景要看植物的大小和葉莖的形態，盆的方、圓、淺、深，栽在適宜的位置，並用人工方法，作成各種式樣：像獨立式，要挺直不曲；蟠龍式，要屈曲高低；叢林式，要繁盛茂

盆景的各種式樣

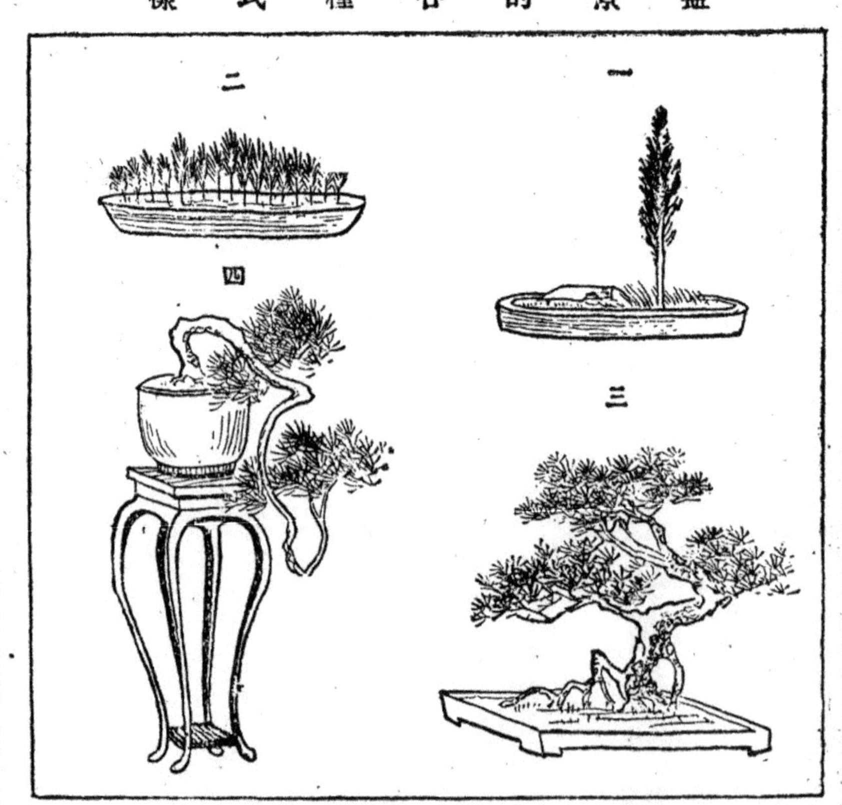

一、獨立式 二、叢林式 三、蟠龍式 四、懸崖式

密；懸崖式，要枝條下垂。並在根部或盆邊，點綴苔、石、小草，總宜使尺寸花盆裏的花、木，有山林雅致，自然風趣爲最上品。還有陳列在架上時的高低、前後、疏密，對於日光的向背性，也要適宜支配。

花色能調和情感，娛悅心目；像白色無論何色都可相配，赤可和黃、橙色混雜，綠和紅，紫和黃，橙和青，也有配合：這都是花壇、插瓶和陳列時候要注意的！

十八 庭園布置和花木點綴。

庭園有大小、廣狹、高低的不同，布置方法，也要有變化；像層樓、棟宇前，要有假山石、或籬垣作屏障；曲徑、水邊，要有草亭、小橋、石欄；左有小山，右要有流水，叢林盡處，宜有草地陂池。

還有用花木來點綴風景的，也要看庭園布置的式樣而定：像牡丹、芍藥宜種在花壇，或以朱欄、白石圍繞；蘭草宜種在崖石山坡間；梅、菊、秋海棠、南天竹宜種在疏籬短垣旁；杜鵑花宜叢栽在松、柏或山坡、怪石下；盆景宜陳列在架上或窗前、階前。

總以利用自然局勢，適宜布置，有變化和精雅的風景，纔是名園！

十九 我們學校園裏的情形

我校的學校園，很廣大：西北部稍高，有草屋一間，貯園藝用具；兩邊並種松、柏、冬青和桃、杏、李、梨……等樹；餘都平坦。東南有玻璃房一間，叫做溫室；草屋和草篷兩間，叫做溫牀、冷牀；地上高起的地方，叫做蔬菜輭化窖。正南面有高畦和平畦，栽種蔬菜，發很壯的葉莖或結很多的果實；還有葡萄、絲瓜、南瓜的棚，和黃瓜、瓠瓜的架；又地下有各樣的花壇，架上有大小花盆，陳列着各種美麗芬芳的花卉；薔薇、牽牛攀升在支柱和籬墻上；睡蓮、玉蟬等花，開在池邊：這等景象，常常令我們眼、鼻、心裏，發生愉快和美感！

每日早晨和傍晚，教師領我們澆水、施肥料；到了炎夏有烈日和冬季風雪的時候，又想法保護那不能耐熱耐冷的作物。

二十　園藝經營和人生的關係。

園藝經營，可分四個目的——

（一）娛樂的園藝：栽培花卉、蔬菜、果樹，供給一家觀賞和食用。

（二）販賣的園藝：把所栽培的園藝品，察看外界的需要，嗜好的趣向，隨時販賣或貯藏，獲得高價。

（三）副業的園藝：和娛樂園藝相近，也可說是販賣的園藝。

（四）採種苗的園藝：培養作物，以其種苗，販賣或供娛樂。

總之，園藝經營，是高尚的，審美的，健康的，利益的；直接能使人們滿足嗜好和慾望；間接能涵養自然的情感和優美的愛情;所以園藝發達,地方必文明進步;而園藝品的消費量增加,其品種、品質,也隨着漸漸改良,是和農業、人生有很大的關係的!

(終)

民國十八年四月發行
民國十八年十月三版

小學校高級用
新中華園藝課本（全四冊）
○第四冊定價銀八分

編校者　懷桂琛　陸費執
印行者　新國民圖書社
經售處　文明書局　中華書局　啓新書局
分售處　各大書坊

（五二六四）

園藝曆

鄒盛文 編

上海新學會社
民國十八年

園藝曆

鄒盛文編輯

上海新學會社出版

中華民國十五年二月出版
中華民國十七年五月再版
中華民國十八年四月三版

園藝曆

（定價大洋五角）

編輯者 鄒盛文
校閱者 嚴楹書
印刷者 新學會社
發行者 新學會社

總發行所 上海棋盤街交通路 新學會社
分發行所 甯波日新街 濟南后宰門 新學會社
特約發行所 廣東共和書局 北京錦章書局 奉天東北儀器館 南京共和書局 雲南新亞書局 各處大書坊

園藝曆序

園藝一道。夙爲吾國先哲所重視。周禮天官。列園圃毓草木爲九職之一。地官辨十有二壤之物。以教稼穡樹藝。更制定園廛之稅二十而一。以維護之。誠以蔬菜果蓏。關繫民食。不得不與稼穡並重也。輓近世界各國。分業愈甚。園藝之研究亦愈力。不特農學校有園藝科之設。且另闢專校。廣置試驗場。以期精進。故品種之新奇。品質之優良。咸有與日俱進之概。法之花卉。美之果實。日本之蔬菜。所以名震遐邇者。蓋有由也。獨吾國農民。墨守舊章。不知改良。農校亦以範圍較狹。未加重視。而食之者則眩於外品之新奇。不惜百方以購求之。外產之珍異愈多。國產之陳窳愈見。遂致輸入年額。竟達數十萬金之鉅。漏巵之大。庸非國家之隱憂乎。不佞從事園藝有年。以爲園藝之不發達。實由國內無脈絡一貫之書籍。可爲按時進行之標準。是以業之者。僅能憑一己經驗。以資工作。而改良種植。厥道無由。爰不自遜。仰體先哲重視園藝之意。旁搜近賢悉心改良之方。證諸學理。參以經驗。舉凡種植管理培養之順序。以及一切應加注意之事項。悉按季節。妥爲分配。編爲園藝曆一書。以備從事斯業者圖驥之索。而冀爲國家經濟上萬一之補救。區區之意。或當爲同志所韙乎。至審量寒燠。因地制宜。則仍非本編範圍所能賅。是所望於業之者之因應變通者也。是爲序

編者識於金陵學舍

園藝曆

目次

附表

園藝曆目次終

園藝曆

鄒盛文編

一月 小寒（六日——二十日）大寒（二十一日——二月四日）（夏正十二月節）

（一）蔬菜園作業

製造堆肥　收集園中枯葉敗草。囤積一處。暴露於寒氣中。凍死害蟲及蛹卵等。　翻動舊堆肥。使並收前益。

製造農具　預計年內所須農具。如有缺少。應乘此閒暇時間。趕緊添造。　有破壞者。即時修補。

整理種子　往年收存各樣種子。於播種前。須預先整理。本月爲一年之始。宜即着手。

施用寒肥。　園藝作物須施寒肥者。以本月爲最終限期。　種類以廄肥、堆肥、骨粉等漸効肥料爲佳。間有施液肥者。如蕓薹、麥類等。

種植早期應用之豌豆、菜豆、萵苣、二十日蘿蔔等於南向暖地或溫床內。

種植蘆筍（石刁柏）於溫畦。行促成栽培。

定植菜豆、豌豆、茄子等於溫床內。

移植胡瓜、冬瓜等於溫床。

中耕並培土於蠶豆、豌豆等。

覆蓋上年秋植之菜苗　用草藁鋪蓋。預防寒氣之侵入。以免冰凍腐爛。不能生長。

除去暖室內菜蔬之腐敗莖葉。免生蚜蟲爲害。

摘除溫床內薑之新芽。抑制其非時生長。

收穫菜蔬　本月可收穫之菜蔬。有芥菜、牛蒡、薯蕷、獨活、蘘荷。胡蘿蔔、野蜀葵、促成紫蘇、秋蒔萵苣、秋蒔菠薐菜等。

（二） 果樹園作業

銲接園中鐵絲格。修繕竹木籬。以防野獸之竄入。並爲花果時之防範。

踏實樹根土壤　因寒天冰凍。樹旁土壤易鬆。每爲野鼠翻開。嚙傷根部。

移植果樹　果樹移植。以本月爲開始期。暖地在天晴無狂風時。均可着手。

採收接木用接穗。插木用插穗。均以月中爲最相宜。採集以後。各依種類。分束插入通風排水佳良之砂質土中。淺埋之。

試行壓條　利用本月作業閒暇。以試行之。

塗蠟於柑橘類之切面　柑橘類行刪剪後。於較大之切面。應塗以蠟。一則可免樹液之消失。二則可避寒氣之侵入。

（三） 花卉園作業

移植水仙、洎夫藍、鬱金香、絲毛莨、白頭翁等。

凡時節稍遲或略早之宿根花卉。均可於本月中移植。惟以晴天無風時爲佳。

移植櫻草　先除去附土。擇芽之肥大者。植於盆中。小而瘠者。栽於地上。

根接薔薇牡丹等　砧木有定數時。適用根接法。因一株根可代一株砧木。接法斷根部三寸長爲一株。接以接穗。埋植土中。而俟其生活。

覆蓋石竹、三色堇、遊蝶花、等。預防寒氣侵入。無論床、鉢。均須鋪藁保護。

剪定薔薇科各種蔓生花卉。

耕鋤菊花壇土壤。敷堆肥廐肥等。使其腐熟。並輕鬆土壤。便寒氣直入。凍死害蟲及蛹卵等。

添栽風雅樹木　石榴、白石榴、木瓜、狗骨、等。均此時極宜移植之風雅樹木。

（四）　盆景培養法

假植室中初謝盆梅　觀賞用之盆梅。久置室中。漸形萎疲。花後急宜假植於戶外。

摘除松杉類枝葉　室中温度較高。久留則枝葉徒長。有害風雅。應摘其枝葉。

而注意其傷痕。

杜絕灌水於松杉類、竹類、棕櫚、蘇鐵、之盆景中。如室中溫度較高。可稍灌水。以免乾燥。但絕對不宜太多。

清潔橘、佛手柑等柑橘類盆景之葉面。須拂去塵芥。驅除害蟲。以發揚天然之美。　置於溫度變化較少之暖室內者。可俟完全成熟時清潔之。以供賞覽。

下旬驟將雪柳移入暖室。則花葉同茂。美麗異常。

迎春花行插木繁殖　掘起迎春花之根。節節摘斷。入溫室中。着手扦插。

促成水仙福壽草等開花　見水仙、福壽草等、葉既繁茂。花已含苞。約在開花前十日。速移入室中。則花肥而同時並放。不必早期入室。致徒長其葉。他種花草。葉苞均强盛者。入溫室行開花促成法。花時亦必肥滿可愛。

移花桃入室　增加溫度。使花蕾發育平均。

盆景灌水之時刻。須隨溫度高下而異。溫室內外。法均相同。須擇晴天。以午前十時至午後二時爲最相宜。水須帶温。若灌溉非時。或水極寒冷。則容易冰凍。有盆鉢破碎。樹勢衰弱之虞。

温室窗戶固宜常閉。惟天晴温暖之日。午前十時至午後二時間。亦應開啟。以交換新鮮空氣。使室內乾燥。

栽植蒲公英、款冬、筆頭菜等於木箱或瓦盆。爲寒季室內陳設品。亦可添增美觀。

二月 立春（五日——十八日）雨水（十九日——三月四日）（夏正正月節）

（一）蔬菜園作業

深耕休閒地　將土堆起。暴露寒氣中。以殺滅害蟲蛹卵及雜草種子。並流通空氣。

驅除温室內寄生植物之害蟲及蛹卵　以温室氣候較暖。所蒔菜蔬。較露天栽培者、易罹蟲害。故在蟲害發生時候。須盡力預爲驅除。本月爲着手初期。

翻動堆肥。

製造農具　破壞者修理之。

編製範圍溫床之草籬等　用稻、麥稈、或玉蜀黍稈密編。中部分層。以細麻線緊紮備用。

施行小規模之排水客土　糞春暑雨水多時。作物安全無患。而收穫增進。

注意早種之蘆筍。及植於鉢中之草莓等。是否安全發育。

除去朝鮮薊之覆蓋。使受充分之日光。惟早晚仍宜覆蓋。

施肥於土當歸之根部　一畝地施堆肥八斤。下肥四斤。

種植葱、韭、豌豆、蠶豆、菜豆、萵苣、塘苣、茴香、芫荽、香芹、胡蘿蔔等。俾作初夏生菜用。

作促成栽培蘆筍之床　普通幅四尺。長七十二尺之畦。底面稍隆起。成凸字形。深約一尺。四周以藁圍之。（南方高一尺北方高一尺五寸東西適宜）內鋪馬糞三分。四五寸長之斷草藁五分。落葉及塵芥二分。一畝地中並和米糠斗許。高低不平處。用脚實踏，俟所敷各種材料已乾燥。然後灌水。

栽植蘆筍　先選三四年之健全苗。細心掘起。於前述之床內。鋪腐土及塵土二寸許。密植選苗。上加塵土及米糠，約五寸餘。床面覆油紙。以防夜中寒氣之侵入。床內溫度須常保持二十二度至二十八度。栽植後一月。即可逐漸收穫。

栽植食用百合　作幅二尺之畦。長短無定。株間八寸。栽植後覆土一寸。毋損其芽。施人糞尿肥。則球根發現斑點。他種肥料均無不可。一畝地約施堆肥一八斤。過燐酸石灰五兩。米糠一斤。補肥用油粕一二斤最宜。

栽植甘藷　先作床。擇溫暖之場地。掘起土一尺許。於四周作高一尺幅四尺長適宜之藁圍。其中置稍腐性四五寸長之切斷藁、和以新鮮廐肥及落葉塵芥等共厚三寸許。實踏。更於上面加腐土堆肥等。並混米糠二三升。約共厚四寸。夜間障以油紙。防寒氣之侵入。方法略同種蘆筍。

栽植馬鈴薯　揀定栽植地後。於本月中旬。先行耕鋤。打細土塊。施以基肥。（一畝地施堆肥一二斤。藁灰四斤。過燐酸石灰四斤。下肥三斤。）作幅二尺之畦。株間一尺。選圓形整大而十分成熟者爲種薯。分切爲一片。切面塗灰。然後種植。

移植早種之葫甘藍、胡瓜、甜瓜、草椰菜等。

種植早期應用之甘藍、葫瓜、葱頭、茄子、花椰菜等於温床。

分韭根。中耕大芥菜。培肥於蕗、草莓、寒獨活、野蜀葵等。

收穫菜蔬　本月可收穫之菜蔬。有葱、芥菜、秋蒔萵苣、秋蒔菠薐菜、及促成栽培之蘘、蘘荷、獨活、紫蘇、款冬、茄子、葫瓜、草莓、菜豆。

（二）　果樹園作業

搬運苗木種子　本月爲搬運苗木種子最適宜之時。惟搬運時。須用浸濕之水苔。包固根部。既達目的地時。卽行取出假植。不宜多擱時日。

嚴行剪枝　樹勢衰弱。或形式不整齊者。應嚴行剪枝。以冀生長新枝。達完善目的。

修繕果樹之籬籬及棚架　此種作業。本月最宜。力行毋怠。

掃除竹林　便於出筍時採掘。

種植橙、柚、桃、栗、櫨、椹、松、樅、枹、檜、栂、櫸、橘、榲桲、扁柏、漆樹、烏臼、夏椿、山楂、巴旦杏等種子。培育幼苗。

種松　先將種子浸於水中二三日。然後播種。則易茁芽。

種漆樹烏臼等。凡種子外皮有脂肪層者。先將種子外皮舂碎。更洗於肥皂水中。或將種子埋於土中年餘。俟外皮腐爛。然後播種。則易發芽。

移植櫻桃巴旦杏　移植地低窪。多濕氣者。則必培土略高。

移植並施肥於松、樅、榧、柿、楓、柳、林檎、海棠、紫藤、白膠木、竹類。　竹類之長大者。

應於去年先斷其橫根。不然、移植難活。松類之長大者。亦應於去年或前二三年。先斷其周圍鬚根。掘起時帶土。稍多而緊紮。則易活。

移植果樹。本月雖爲安全時期。亦須慮及寒氣。考察移植地已否解凍爲要。陰溼之地。尤宜注意。恐其再行冰凍。

接合（接木）梅、杏、桃、李、椿、楮、桑、楓、櫻桃、小櫻、梔子、牡丹、蠟梅、瑞香、紫藤、薔薇、荼蘼、木瓜等。　於下旬着手爲宜。氣候較暖之處。可稍提早。

扦插（插木）梅、桑、柳、石榴、葡萄、連翹、紫薇、梔子、錦帶、黃楊、櫻、椿、長春藤、天女花、蔓荊子、金縷梅等。　下旬開始着手。

壓葡萄條。　擇强健一年生新條。扦壓於根旁土中。

修剪梅、杏、李、桃、梨、紫藤、蘋菓、葡萄、柑橘類等一般果樹。　葡萄之修剪須較早。宜於樹液未流動以前。不然、樹液損失甚多。一枝之微。往往消失樹液升許。俗稱葡萄哭。剪枝早。剪下餘枝亦可爲插穗用。但不及去年預存者。

以上各項工作時。見有害蟲之卵、蛹、幼蟲。應卽撲殺。以絕後患。

（三）　花卉園作業

日中除去宿根及花卉之覆藁　天氣陰沉時。氣候或有劇變。仍以覆蓋爲是。卽晴天亦祇可限於日中。使當日光。早晚須再覆蓋。

冰雪已溶解後。石竹、水仙卽可永除覆藁。

種植白頭翁　陰地較宜。

播植紫羅蘭、葉鷄頭、金蓮花、馬鞭草等一年生草花種子於温床。　預備於初夏賞花。

移植桔梗、石竹、華鬘草、矢車菊、玉蟬花等宿根草花。

分芍藥、繡球、酸漿、香木、韭蘭、天女等花之根。

驅除温床之害蟲及腐葉。

（四）　盆景培養法

選三年實生之佛手柑苗。就其自然狀態。栽種盆中。與他種柑橘類。同照上月所述培養法培養之毋怠。

溫室中桃、木瓜、辛夷、連翹等。新花初放。均爲本月主要觀賞品。

移置早櫻、山茱萸於溫室中。促其放花。預備日後觀賞。

移植金粟蘭及他種蘭花。

佈置柳之盆景　擇老年宿株。植於水盆中。有西湖蘆之興趣。實生者樹勢過長。有害風雅。若截其梢端。則姿態惡劣。殊非所宜。應減少灌水量。摘新芽、斷宿根、而抑制其發育。

接揷寒槠子　播植容易。惟盆內溫度。不可過高。高則難花。

留意寡木稗之溼度　性厭濕。水分太多。不易生活。蕃殖法以插木爲最便利。最易活。

蕃殖盆景梅　用杆插或播子法均可。砧木於三四年後。取名花嫁接。　接木法以砧接爲最易行。最易活。古木則芽接亦好。

蕃殖蘇鐵　於根旁掘取新芽。移植之卽生。　品種以葉密者爲上。

三月驚蟄(六日——二十日)春分(二十一日——四月五日)(夏正二月節)

(一)　蔬菜園作業

移植温床內番茄、朝鮮薊苗之大者。

移植石刁柏　先將本圃深耕。施以堆肥、廐肥、下肥。並混食鹽少許。

種植百合、蕪菁、馬鈴薯、春蘿蔔、花椰菜、甘露子、菠薐菜子、莙甘藍、甘藍、細根蘿蔔、春蘿蔔、二十日蘿蔔。　土地均須預先叮嚀耕鋤。細碎土塊。平整地面。或預施基肥。

移植甘藷　於前月作成床中。摘取強壯新苗而移植之。每六七寸植一株。

移植甘藍　早生種畦幅二尺五寸。株間一尺五寸。中生種畦間二尺五寸。株間二尺。晚生種畦株間各二尺五寸。　選用種苗。須摘下葉肥大。排列整齊。苗葉邊部緊縮者。另存優良之苗。以備不足。

植花椰菜及子持甘藍　畦間爲一尺至三尺。株間一尺至二尺。其他甘藍。均與花椰菜同。

植菠薐菜及二十日蘿蔔　作幅四五尺、長適宜之床。撒布人糞尿。遍篩細土。以減種子痕跡爲要。　苗芽至二三寸時。行間拔。

植胡瓜冬瓜南瓜　作溫床後。須過一星期。俟其溫度勻定。隔二三寸用條播法播種。

植茄子番茄番椒　床地面積三厘。用種子一勺。播種後遍篩細土覆蓋。

植胡蘿蔔　畦幅二尺。行條播。上撒灰。後覆細土。撒細糞尤好。

植甘露子　整地。作幅一尺五寸之畦。株間相隔約八寸。植單體球根一個。

定植玉葱　整平地表。作幅一尺五寸之畦。杭間五六寸。

中耕蠶豆、豌豆、春福蘿蔔、二十日蘿蔔。

培肥於蠶豆、豌豆。　豌豆並立支柱。

施肥於菜蔬　本月應施肥之菜蔬、及一畝地之施肥量、施肥種類。列表於次。以便檢閱。

種類	基肥 堆肥	基肥 魚粕	基肥 下肥	基肥 過燐酸石灰	基肥 藁灰	補肥 下肥	備考
甘藍	一二〇斤	三斤	六〇斤	四斤	—	一二〇斤	加水稀釋分三次施用
花椰菜	一八〇斤	四斤	九〇斤	—	四斤	一八〇斤	分四次施用
子持甘藍	一二〇斤	—	六〇斤	四斤	—	一八〇斤	分三次施用（他種甘藍同）
細根蘿蔔	—	九斤	九〇斤	—	一二〇斤	一五〇斤	分三次施用（春福蘿蔔同）
二十日蘿蔔	—	—	五四斤	—	—	五四斤	分二回施用
甘藷子	六〇斤	—	三〇斤	三斤	—	六〇斤	同右
菠薐菜	一二〇斤	—	六〇斤	—	—	一二〇斤	分三次施用（蒿苣同）

收穫菜蔬　本月可收穫之菜蔬、有葱、大芥菜、土當歸、秋蒔菠薐菜、及促成栽培之茄子、胡瓜、冬瓜、豌豆、菜豆、莓、蘘荷、蘆筍等。

（二）　果樹園作業

剪定果樹。以本月爲終結。能早日結束尤佳。二三年之結果枝。須審定後着手。桃、杏、等果樹。多徒長之枝。剪時更宜注意。

果樹移植與接合。以本月爲初期終結時。

壓條以本月爲最相宜。

播植樹木種子。過遲則發育不良。宜於本月中舉行。

預定月中接合之果樹。須順序進行。

移植前年接木之優良果樹。

移植樹苗。於掘起時。支根細根。均可切斷。支根至多各存二一本。以免障礙。雙方皆爲初期剪定。

（三）　花卉園作業

栽植麝香草等香氣植物於花壇周圍及路旁。日後芬芳四溢。淸沁可愛。

預防水仙、雪割草、鬱金香、泊夫蘭等花爲雨浸淋。

灌水於苗床內幼苗。及溫室中盆景。天氣漸暖。不可怠忽。

假植大麗菊　取出大麗菊之根塊。置於溫暖之處。摘其早芽。插於溫床而行假植。

定植大麗菊　假植於溫床內之新芽。有長至五六寸者。卽定植之。

深植毛莨、白頭翁等。

掘藏水仙花等觀賞既終之球根　水仙花等。花既萎時。卽可將球根掘起。不必移植。可埋藏於乾砂中。

配合水田中栽蓮之土壤。以便及時移植。

撒播高麗參種子。以時灌水。促其生長。

（四）盆景培養法

盆景之葡萄、梨等本年望其結實者。本月宜早上盆。桃梅海棠郁李等。前年接木者。亦宜趕緊上盆。防其徒長。

梨之結實盆景。於花落後。在一叢中。留勢强者二三個。而去其餘。則結實肥大。

佛手、柑、檸檬之盆景。日中宜移置室外。曝日光中。使吸收新鮮空氣。此時並須注意佛手柑之新蕾舊實。

柑橘及竹類。均爲暖地生產植物。藏室中或溫室後。天氣漸暖。欲取置室外。亦不宜驟。宜漸使接觸外氣。感覺自然。不致受劇變之害。蘇鐵亦然。

柑橘類結實盆景。容易損壞。宜年培新土、及燐酸肥料木灰等助之。剪截時須加意留心。

珍珠花本月爲觀賞時期。花後修剪枝根。與室中開花者並行假植於露地。或移植大瓦盆中。

櫻桃、木瓜、枇杷之盆景。花實均可觀賞。但欲觀賞其實。花時不可不割愛而減短覽賞期。

植鷺草、水苔等盆景。

移置温室及室內倒掛金鐘於室外。以當清氣。或植於花壇。

硃砂根、草珊瑚、雖可供常時觀賞但極寒極熱時。亦宜注意。

山茱萸花蕾漸大。應即移入室中。則下旬開放時。自然美滿可愛。

大明蘭、豐歲蘭、玉蘭、春蘭開花時。應立蘭杖護持之。

紫藤盆景。花時置室中。雅麗異常。

實時白檜爲盆景。一週餘即生新芽。

松之盆景移植。需避嚴寒及燕暑。雨前亦非所宜。

春暖之時。古雅之落葉松等。鄉人有自山中掘出。入城市求售者。可多量收買截其枝根。擇排水佳良之地行假植。厥後移栽盆中時。用淺薄精盆。留出一部細根。則與嫩葉均饒風致。

李之盆景。結實時每損樹勢。是結實盆景。與賞花盆景異趣。能分途培養最好。

春季漸暖。宜預防盆景內之生蚜蟲。

龍膽之屬。大抵秋花。惟小種之重瓣龍膽、石龍膽。則於此時着花。

此等盆景。下鋪芝草。更助雅興。盆景下能雜栽野生小花。尤爲繽紛可愛。

嫁接素馨　砧木用迎春。或實生木。土以混合赤土黑土爲佳。肥料宜節少。或竟不用。

四月 清明（六日——二十日）穀雨（二十一日——五月六日）（夏正三月節）

（一）　蔬菜園作業

除去朝鮮薊根旁之亂芽。令其主芽正大。

移植温床中甘藍花椰菜等於本圃　床地則替栽第二回甜瓜及胡瓜。

採收蔬菜種子　蘿蔔選根正大而實完全成熟者。　蕪菁蕓薹收花莖中央之子實。　牛蒡則摘其心而留枝條上之子實。胡蘿蔔亦然。

耕耡種絲瓜、菜豆、落花生、石刁柏、玉蜀黍之土地。務使細碎。

中旬、於種西瓜、甜瓜、越瓜之土地。掘一尺五寸大之穴。入基肥。用土混交備用。

植牛蒡之土地。中旬亦須深耕。

下旬整平栽植枝豆、夏蘿蔔、夏蕪菁、紫蘇、薯蕷、苦瓜、胡瓜、南瓜、冬瓜、茄子、蕃椒、、鵲豆、豇豆等之土地。

假植石刁柏、獨活、薯蕷、夏葱、(畦幅二尺四寸隔二三寸植一本)里芋、薑、胡瓜、南瓜、冬瓜、蕃椒、萵苣、甘藍類。

條播獨活、石刁柏、於苗床。　距離五寸。

種植落花生。畦幅三尺。株間一尺五寸。　選正形之莢。出其種子。每二三粒點播之。

種植玉蜀黍。畦幅二三尺。株間二尺。播種二三粒，俟萌芽後。檢拔其弱小者。留一本或二本。

種植牛蒡。通用條播。畦幅約二尺。一畝地下種四勺。

種植菉豆。畦幅二尺。於一尺至一尺五寸（視蔓之有無而增減之）之距離。行點播。下種五六粒。萌芽後選留强壯者二本。而間拔其殘弱者。

種植枝豆。畦幅一尺五寸。株間五六寸。播種二粒。

種植夏蘿蔔、夏蕪菁。畦幅一尺五寸。條播。萌芽後屢行間拔。至株間四五寸爲止。

播種刀豆於苗床。芽須向下。

種植豇豆、鵲豆、菉豆。畦幅二尺。株間一尺。

種植紫蘇。畦幅一尺五寸。條播。萌芽後屢行間拔。至株間六七寸爲止。

種植葱頭。畦幅五尺。株間二尺五寸。每穴下種五六粒。萌芽後行間拔。擇留勢力較强者一本或二三本。
種植甜瓜、越瓜。畦幅五尺。株間二尺。
西瓜施肥　每畝計堆肥一二〇斤。米糠二五斤。下肥五〇斤。過燐酸石灰三斤。是爲元肥。補肥用下肥一〇〇斤。分二回施之。
甜瓜施肥　元肥、每畝計堆肥九〇斤。米糠三斤。下肥八〇斤。藁灰三斤。補肥用下肥一二〇斤。分二回澆施。
越瓜施肥　每畝計堆肥九〇斤。下肥九〇斤。補肥用下肥一二〇斤。分二回施之。
牛蒡施肥　每畝以堆肥一八〇斤、下肥六〇斤、米糠六斤爲元肥。補肥用下肥一二〇斤。鰊粕一二斤。混後分二次施用。
胡瓜施肥　每畝以堆肥一八〇斤、下肥六〇斤、過燐酸石灰四斤爲元肥。補肥用、肥三五〇斤。分四五次施澆。

南瓜及冬瓜施肥　每畝以堆肥九〇斤、米糠六斤、下肥三六斤爲元肥。補肥第一次用下肥三〇斤。第二回用堆肥三〇斤。下肥六〇斤。米糠六斤。第三次用下肥三〇斤。

蕃椒施肥　每畝以堆肥一二〇斤、下肥六〇斤、過燐酸石灰藁灰各三斤爲元肥補肥用藁灰三斤。下肥九〇斤。分三次施用。

蕃茄施肥　每畝以堆肥一八〇斤、下肥九〇斤、藁灰及過燐酸石灰各五斤爲元肥。補肥用下肥一五〇斤。藁灰三斤。

里芋施肥　每畝以堆肥一二〇斤、豆粕九斤、過燐酸石灰四斤、藁灰一二斤爲元肥。補肥用下肥一八〇斤。分二回施用。

紫蘇施肥　每畝以堆肥一二〇斤、下肥三〇斤爲元肥。補肥用下肥六〇斤、分二回施用。

薑之施肥　每畝以堆肥一二〇斤、下肥六〇斤爲元肥。下肥六〇斤、油粕三

○斤爲補肥。分二次施用。

本月應施補肥於細根蘿蔔、春福蘿蔔、春蒔萵苣、石刁柏、菠薐菜、甘藍類、玉葱、百合、甘藷、草莓等。及苗床中其他蔬菜苗。

間拔春福蘿蔔、胡蘿蔔、萵苣、牛蒡、菜豆、絲瓜等。及苗床中其他蔬菜苗。　同時視其疏密。而定去留。至株間適宜爲止。

中耕莓、葱、甘藍、萵苣、百合、花椰菜。　注意除草培土。毋怠所事。

本月收穫之菜蔬　土當歸、石刁柏、龜戶蘿蔔、二十日蘿蔔、及促成栽培之胡瓜、茄子、菜豆、冬瓜、莓等。

（二）　果樹園作業

前月不及剪定、接插、移植之果樹。宜於此月上旬舉行。並預備作砧木用之仁果、核果、漿果樹之實生木。

接插特別厭寒之果樹。能於温室中舉行。尤爲安全。

驅除溫室內之蚜蟲。並勤燻烟草末等。兼撲殺害蟲之蛆卵。

培肥於柑橘類。及一切果樹。

用普通棗之砧木。嫁接大棗。　三月接木者。此時砧木上有新芽發見。應卽除去。

檢摘籬作及圓錐形之梨樹新芽。

新植之果樹。應立支柱以防風害。

（三）　花卉園作業

播種分根移植花卉。苟非適當時期。不可貿然着手。

間拔苗床及花壇之草花。　應培肥、灌水、除草者。勿怠忽。

草木之春蒔者。普通六月中卽可開花。苟春季三月起逐月播植數種花卉。則半年中爛熳之美花。永在眼簾矣。

枇杷、椿、於本月行葉插。

接泰山木。以三角楓爲砧木。楓之砧木。以白裏葉木爲之最宜。

保護於攝氏十五六度至二十二三度溫室中之植物。本月可漸取出。

本月中凡薄荷、白薛、藿菜、玄參、夏葱、黃蓮及前月之遲栽各種作物。均須厲行分根。

本月中之主要插木植物　爲椿、玉蘭、梔子、南天竹、躑躅、楊柳、枇杷、石楠花、五加木、百日紅、千日紅、左紐柏、柑橘類等。

（四）　盆景培養法

玉瓜、雀瓜、南京瓜、染色瓢、獅子蕃椒之盆景。於本月中上盆。

松及杜松之盆景。於此月萌芽。有害風致。或節灌水。或不時移植。設種種方法。以抑制其成長。

梨之結實盆景。於一花叢中。先檢留三四個勢力較强者。至豆大時摘留二三個。及胡桃大時留其一個。如是則可以安全。而不致墮落。

棕櫚竹、大明竹、移出室外。泰山竹耐霜力弱。須待霜止後移出。或移出後設法避霜。

豐蔵蘭、大明蘭、陶氏蘭本月開花。此等蘭花。均須移入日影棚中。

萬年青與蘭同。不可直接當日。當於上旬徐徐移出。又此時實植或分根均可。蘭盆裏用土。先分篩大中小三種。盆之下用大者中間用中者。上面用小者。

之實植者。每有許多變種。幸得佳種。須注意培育。

朱櫻及郁李。本月開花、實植之盆景極美。可供觀賞。觀賞不宜過長。無論其爲單瓣結實者、及千重者。均應稍爲割愛。免損樹勢。

石楠花之觀賞時。驟遇天熱。宜移置陰溼地。或大樹下。

鳶尾花盆景亦雅潔。本月分植最宜。五六寸盆中。至多種三小株。

藤牡丹以葉似牡丹。而花藤色。故有此名。盆鉢寄植於花葮簾中。非常美艷。

天竺牡丹之盆景。本月定植。

風船籐等蔓生物之盆景。須立支柱。體裁各種不同。愈多愈妙。

五月立夏(六日——二十二日)小滿(二十二日——六月六日)(夏正四月節)

(一)　蔬菜園作業

園中作業。所應舉行者爲耕耘、除草、間拔、摘心、灌水、培肥、除蟲害等。毋怠忽。

支持春蒔豌豆　開花時之菜豆豌豆。均須摘去其頂。

收穫石刁柏時所用之小刀。須勿損及根旁幼芽。

摘取四季草莓之花莖。(下旬)而敷藁草。

種蒔胡瓜、甜瓜、四季草莓種子播於陰地肥土中。

栽植蘆粟、大角豆、早大豆、綠豆、藜豆等各種豆類、並荏、葱、粟、稗、薊、胡麻、婆羅門參等、及前月遲栽之各種植物。

預備栽植蓮與慈姑之田地。須於本月去水乾燥而耕耡之。

植蓮之田。先施元肥。每畝以用堆肥一二〇斤。鰊粕三斤。豆粕六斤。下肥一八〇斤爲最相宜。 作幅六尺之畦。株間三尺。選良好根莖插植。或選有正芽之根莖二節。切下斜插。繼施補肥。用下肥一二〇斤。

植慈姑之田。先施元肥。每畝宜用堆肥一二〇斤。鰊粕六斤。下肥 八〇斤。作幅三尺之畦。株間三尺。植入球根一個。深二寸。灌水後施補肥。用下肥一二〇斤。鰊粕六斤。（腐散後混合之。分二次施用。）

植春蒔萵苣。作幅四尺之畦。長適宜之床。每畝宜施堆肥一二〇斤。下肥六〇斤。過燐酸石灰及藁灰各四斤。每四寸見方植一株。結球萵苣每一株需占地八寸見方。

本月栽植蔬菜之普通畦株間距離列表於左

種類	畦間	株間	種類	畦間	株間
胡瓜	三四尺	二尺	茄子	四尺	二尺

冬瓜	六尺	三尺六寸	番茄	三尺	一尺五寸
南瓜	六尺	三尺六寸	刀豆	二尺五寸	一尺二寸
甘藷	一尺五寸	一尺	款冬	四尺	五寸平方
甘藍	二尺	一尺二寸	花椰菜	二尺	一尺五寸

蒔鴨兒芹。係於普通麥作畦（一畝之量）施肥一八〇斤。下肥六〇斤。藁灰六斤。依條播種。覆薄土。播種量每畝用種子二合。種後以足踏實。補肥用下肥三〇斤。分五回施用。

蒔中生枝豆。作幅四尺。長適宜之床。用一一粒點播法。苗本葉後。植於本圃。移植時。株間五寸。畦幅二尺。

上旬補肥於夏蘿蔔、夏蕪菁、春蒔茼蒿、玉葱、甘藍子持甘藍、花椰菜、甘露子、春蒔菾菜、百合、葱、春蒔菠薐菜等。

下旬補肥於西瓜、苦瓜、冬瓜、胡瓜、甜瓜、絲瓜、菜豆、枝豆、里芋、薯蕷、茄子、紫蘇、獨活、番茄、番椒、石刁柏、玉蜀黍、薑等。

間拔絲瓜、苦瓜、西瓜、越瓜、甜瓜、菜豆、鵲豆、豇豆、牛蒡、紫蘇、石刁柏、夏蕪菁、夏蘿蔔、春蒔蒜菜、春蒔菠薐菜等。

培土於苦瓜、南瓜、胡瓜、冬瓜、絲瓜、越瓜、菜豆、枝豆、玉葱、里芋、茄子、番茄、紫蘇、甘藷、子持甘藷、甘露子、花椰菜、馬鈴薯、春蒔蒜菜、薑等。

分馬鈴薯、甘露子、玉蜀黍等之蘖。去其旁株。每本留一枝。使生育良好。

月中玉葱之根。逐漸膨脹。宜耙鬆其根旁土壤。以遂所欲。　培土非宜。有違本性。

中耕南瓜、胡瓜、甜瓜、西瓜、冬瓜、絲瓜、苦瓜、越瓜、里芋、紫蘇、夏蘿蔔、夏蕪菁、玉蜀黍、等。

除去雜草　夏蘿蔔夏蕪菁畦中。應特別注意。

保護花椰菜之蕾。去甘藍、花椰菜之側芽。

作絲瓜、苦瓜之棚。建薯蕷、胡瓜、蕃茄、茄子、石刁柏、之支柱。

本月收穫之菜蔬　蠶豆、豌豆、秋蒔野蜀葵、獨活、石刁柏、龜戶蘿蔔、細根蘿蔔、欵冬、草莓、春蒔茼蒿、春蒔菠薐菜、花椰菜。及促成栽培之菜豆、茄子、胡瓜、冬瓜、等。

（二）　果樹園作業

摘除果樹上徒長無用之芽　接木砧木上之芽。均須摘除。

籬作果樹。用鐵絲竹繩等結直樹枝。以正其僻。或矯其勢。以防徒長。務必着手周到。

籬作之桃杏等。結果多者。須分別強弱。酌行間摘。

（三）　花卉園作業

施肥於已謝海棠。隨時防介殼蟲等之害。其蕃殖法乃於花後或初春舉行揷木。

摘除松之新芽。或折枝以矯姿勢。或於三四月時。在根旁揷管。以防徒長。

牡丹之生長。定於下旬。除去較弱新枝。留其强者二三本。以爲次年著花之預備。

剪定忍冬。於開花前舉行。

根分芍藥。宜早期速行。三年一次。舊根供藥用。實蒔者難活。唯每有變種。或可得新奇品種。亦是優點。

種植毛莨、朝顏、橄欖、續隨子。

移植天竺牡丹、檀特、姜女、櫻、棕櫚、茶、椰、江南竹、虎散竹、石楠花、葉鷄頭、菊類、及他種三四月播種之花卉。

根分麥門冬、濱刀豆、温室內之鳳梨、猿猴草、華蔓草、及前月末及着手分根之植物。

掘起球根植物之根球。(花後)貯藏於乾燥木屑中。

本月接木不宜。然謹愼從事。亦可得完善之結果。如山茶花、楊梅、月桂樹、萬兩、桂、南天竹、躑躅、紫藤、及四季花薔薇等。（第二次接木）四季花薔薇，每年可接三次。第一次二三月之交。第二次六月初或本月。第三次八月下旬。

本月插木種類　櫻桃、薔薇、月季、寶相、荼蘼、水松、榕樹、牡丹、伽羅木、金雀花、夾竹桃、紫荊花、鐵線蓮、輕子蓮、杜鵑花、山茶花、映山紅、龍木骨、美女櫻、石竹類、天竺、牡丹、雙沙羅樹等。

本月壓條種類　桃、橘、木犀、石榴、玉蘭、梔子、繡球、山茶花等。

栽植一本千花之秋菊法　第一期摘芽存四枝。第二期十二枝。本月應行第三期。每本存三十六枝。至八月終。續行三回。計存千枝。是謂一本千花。

（四）盆景培養法

摘除盆景松之綠芽。或置日中乾燥之。使新芽經日炙而下垂。以撓其芽之自然徒長。反之置之陰溼地及室內。則芽之生長迅速。旁枝漸伸。有害觀賞。檜、杜松、羅漢松、等之盆景。亦宜摘芽如松。抑其新芽之驟長。

竹、蘇鐵、棕櫚竹、於上旬取出。移置日影棚中。新舊枝葉交代。勢弱者剪去之。
大明蘭、金龍蘭、鳳明蘭、等。本月放花。放花前後。不可移植。普通於立春後二月。
移至日影棚中。

蘭之換植須預先吸水二盆。自盆中取出後。先置第一盆中洗蕩。更入第二盆、
洗落葉間之塵。附根之泥。並除蟲及罹枯葉病之葉。然後取出暫置於向日板
上。用布拭葉。終植於適宜之盆中。上盆時。並先將蘭土依前法分三層鋪入。先
入粗土、三分之一。次入小土同量。此時蘭之位置。立於盆中。四圍入蘭土之最
細者。用棒片叮嚀揮擊其根際。使之穩固後。再施肥料。通常用噴霧器澆灌之。
唯必移置室內。較爲安全。

金波春、萬兩、等實蒔已三年者。本月可觀賞新花。開花時取入向日軒下。上旬
須早澆肥。花時須用葭簾。以避霜害。肥料用油粕六斤。人糞二斤。加水五升。俟
腐熟後再加水一斗。或一斗五升拌用。

驅除百日紅之蚜蟲。並勤力灌水。

石斛羊齒類猿蕋花之移植。宜於此月中旬舉行。用赤土和水苔植之尤佳。惟忌直接陽光。宜置日影棚中。

移植盆栽之福壽草於輕鬆土地。或用輕鬆土和屋旁積糞及落葉之腐者。移植於他盆亦好。如栽於排水不良之土壤。則根易腐爛。故必避潮溼之地。

落葉松、檉柳之芽漸萌。爲本月優秀之觀賞品。檉柳在新芽未茁前。揷木則生長繁茂。

槭樹之春芽初茁。色鮮紅。姣豔華美。爲本月觀賞品之一。

紫藤白籐之盆景。極雅緻。雖老木亦易著花。惟結實較難。

盆景桃葉珊瑚之葉。感光力弱。此時應避烈日。

懸崖式栽培之山茱萸。此時摘除新芽。則枝椏叢生。別具風趣。

六月芒種（七日——二十一日）夏至（二十一日——七月七日）（夏正五月節）

（二）蔬菜園作業

清潔園地。以防梅雨期溼氣腐及藁屑等。注意除去枯草雜屑。

採收石刁柏　本月終結後。漸漸除去培土。施以肥料。

摘去草苺之匍匐枝。則結實必多。此月爲成熟期。應於上旬在根旁敷藁。直接著土。則易腐爛。

摘除蕃茄之心並灌水　均爲本月應特別注意者。

播栽前月遲種之胡蘿蔔、大豆類、小豆類、萵苣、塘蒿、紫蘇、澤瀉、蕎麥、茼蒿、蔴、牛蒡、黍粟等。

平整植刀豆及秋蒔葱之場地　此月宜充分耕耡。

定植刀豆。畦間二尺五寸。株間一尺五寸。每畝施下肥九〇斤。堆肥一二〇斤。過燐酸石灰及灰五斤。以爲元肥。

定植秋蒔葱。畦間二尺五寸。作深四五寸之條。每畝施下肥一〇〇斤。藁灰一二斤。米糠及鰊粕一八斤爲元肥。每二寸植苗一本。覆土。以隱沒鬚根爲止。能於根旁覆藁更佳。

本月蔬菜之應施補肥及每畝之量如此。

萵苣	下肥五〇斤
土當歸及春蒔甘藍	下肥六〇斤
西瓜及苦瓜	下肥六〇斤
冬瓜及南瓜	下肥五〇斤米糠六斤
胡瓜及里芋	下肥八〇斤
薑	下肥三〇斤油粕一五斤
蘘荷	下肥五〇斤油粕六斤
玉蜀黍及絲瓜	下肥六〇斤
菜豆鵲豆豇豆	下肥六〇斤

款冬　下肥五〇斤

茄子　下肥九〇斤灰六斤

蕃茄及蕃椒　下肥九〇斤灰三斤

越瓜胡瓜　下肥五四斤

春蒔野蜀葵　下肥三〇斤

夏蕪菁及夏蘿蔔　下肥七〇斤

甘露子及枝豆　下肥五〇斤

間拔夏蘿蔔夏蕪菁等。

中耕百合、慈姑、胡瓜、南瓜、冬瓜、西瓜、越瓜、甜瓜、絲瓜、菉豆、鵲豆、豇豆、土當歸、玉蜀黍等。

菉豆、鵲豆、豇豆、枝豆、百合、夏葱、甘露子、玉蜀黍、夏蘿蔔、土當歸、等。皆須培土。

菜類、瓜類、及蕃茄等。皆須除草。並注意全園。勿使雜草叢生。

刀豆、菜豆、豇豆、鵲豆、等。均宜扦插支柱。

摘芽　越瓜、甜瓜、等。本葉發出三四葉後。於頂端摘留三葉。俟各枝有三葉時。摘留二葉。冬瓜、絲瓜、南瓜、亦然。或引其蔓使達於棚。以便結實。及適度成熟時即摘下。

搔去甘藷、蕃茄、花椰菜、之側芽。

摘除食用百合、馬鈴薯、甘露子、之花。

預防瓜蠅之幼蟲　於甜瓜、越瓜、西瓜、之根際。撒布煙草除蟲菊之粉末。勤加驅除。預防全園中他種害蟲。

病害之預防　於蕃椒及瓜類等。每二星期撒布三斗式硫酸合劑一次。

整理促成栽培場　將苗床之釀熱物掘起。與硫礦華交和。堆積木框等。洗濯晒乾後。用百分之二福而買林液噴射。四面並塗澀汁。貯藏備用。瓜類栽培圃。全面宜敷以藁稈。

南瓜、冬瓜、之蔓。此時宜翻轉。甘藷之蔓。宜不時左右翻動。若任其匍匐地上。則節節生根。養分集於莖、多小根塊。主根反不發達矣。

莓苗於母枝所出匍匐枝之節。亦易生根莖葉。故至多留蔓三四本。摘去其餘。為減少節芽生長計。勿存摘蔓之心。至八月時。將蔓切斷。而分株種植之亦宜。

本月收穫之菜蔬。為莓、玉葱、萵苣、紫蘇、春蘿蔔、胡瓜、夏牛蒡、胡蘿蔔、及秋蒔甘藍、花椰菜子持甘藍、等。

（二）果樹園作業

桃樹之果實。看手被袋。預防蝶、蛾、等害蟲產生卵子。

接木苗木成長之時。須結立支柱。砧木上有側芽生出。則摘去之。

蚜蟲不時襲擊果樹之嫩芽。須用石灰水灌溉。免受大害。其他害蟲。亦須注意驅除。

園中除草中耕。及一切應行手續毋忘。
本月採收杏、梅、枇杷、櫻桃。及温室內葡萄等之果實。
（三）　花卉園作業
百合類等一般花卉。常生害蟲。宜留心驅除。木犀草及白蘇等。有粉蝶幼蟲（小青蟲）發見。當連葉摘去。而免貽害。
移植毛莨之根於花壇。則秋時金色可愛。
鬱金等葉黃時。將球根掘起。混砂土貯藏。
花着梅雨。則花瓣易黃萎。凡植於盆中者。遷須至室中觀賞。
除蟲菊花後。分根、移植、灌水、施肥、依序進行。赤花種宜避濕地。
菊、美女櫻、麝香草、濱刀豆、麻葉繡球、等。本月中須舉行插芽。
錦帶、瑞香、銀杏、烏樟、木槿、迎春花、金絲桃、珍珠花、金雀花、獼猴桃、硃砂根、羅漢松、薔薇類、柑橘類、檜、柏、錦熟黃楊、等。於本月中行揷木及壓條。

植竹類、杉類、石菖、枇杷等。
三色堇、紫蕙等。行揷芽及分根。
翦定猩猩木殘枝、行揷木。
移植蘭類於地。灌水而除蟲。

(四)盆景培養法

出龜甲竹。計其長短大小。切去上部。使枝葉繁茂。
竹類之盆景。本月須置日影棚中、或用葭簾遮護。
本月梅雨時久、蘭及萬年青盆景。易受其害。宜注意。可移入室中。
蘇鐵之盆景本月移置室外。
石榴盆景欲其結實者。開花時不可長久觀賞。方法與前月梨、木瓜、等結實盆景同。
碧梧桐之二年實生木。可移栽盆中。本月上旬葉半開時。觀賞極妙。

仙人掌盆中。本月中旬植以水苔。
盆栽之樾，此時逢乾燥大氣。葉尖每遭損害。乾縮枯萎。宜注意。
石菖盆山所植木石。須深埋五分許。以抑制其根枝之萌發。根分石菖時。須察其形勢。配置木石。
羊齒類觀賞時。宜置日陰。勿忘爲要。
枇杷之結實盆景。爲本月觀賞妙品。
蜘蛛抱蛋花萎時。卽宜摘去。
松柏盆景，宜避强烈日光。灌水多則根易腐敗。時須注意。察其盆中濕度之適當與否。兼折新芽。
梅之盆栽。移植後培養較難。此時至晚秋。是其生死關頭。更應注意。

七月 小暑（八日——二十三日）大暑（二十四日——八月七日）（夏正六月節）

(一) 蔬菜園作業

菜園中灌水除草。及一切應作事業。愼毋怠忽。前月遲延之作業。本月須早日補作了結。

縮緬萵苣宜多覆細軟之土。或將葉重疊輕縛。如是則莖嫩白而繁多。

採收胡瓜及早生馬鈴薯。

曲折冬季應用之葱葉。

蕃殖用草莓之匍匐枝。每芽須切離爲一本。植於苗圃。二三週後再行移植。

甜瓜、胡瓜、西瓜、之根旁株間。須布乾藁及麥稈。防沾污傷壞而腐敗。

舉行整地　植水芹牛蒡者。將土壤深耕。土塊細碎後。施以基肥。植胡蘿蔔者。亦作高畦。以避多量濕氣之侵入。

種植牛蒡。每畝用堆肥九〇斤。下肥六〇斤。過燐酸石灰六斤。灰二斤爲基肥。用下肥一二〇斤爲補肥。補肥分二次施之。

植胡蘿蔔。每畝用堆肥一二〇斤。下肥六〇斤。鯡粕六斤。過燐酸石灰及稾灰四斤爲基肥補肥用下肥一二〇斤。分二回施澆。

播種胡蘿蔔。作畦幅二尺。行條播。至本葉四五瓣時間拔。

播種牛蒡。作畦幅二尺。深耕作壠。行條播。每畝播種四勺。苗芽後。屢行間拔。至株間一尺爲止。

本月須播種上月遲延之玉葱、九日蘿蔔、二十日蘿蔔、等。

本月菜蔬之應施補肥者、及每畝所施之量如次。

南瓜及冬瓜	下肥三〇斤
胡瓜及萵苣	下肥九〇斤
絲瓜及春蒔甘藍	下肥六〇斤
茄子第一回	下肥九〇斤稾灰六斤
茄子第二回	下肥六〇斤稾灰六斤

牛蒡　　下肥六〇斤鰊魚粕六斤

茄及野蜀葵　　下肥三〇斤

刀豆及石刀柏　　下肥一二〇斤

蓮及諸蕷　　下肥八〇斤

慈姑　　下肥九〇斤鰊魚粕六斤

欵冬　　下肥五斤

中耕子持甘藍、春蒔甘藍、花椰菜、胡蘿蔔、及其他菜蔬類。畦中除草不可稍怠。否則與肥料之損失、及通風日光等。均有影響。病蟲害亦須隨時注意。培肥於葱、薑、茄子、蕃椒、里芋、絲瓜、刀豆花椰菜、及春蒔甘藍等。

摘除土當歸、甘露子、慈姑、蓮、之花。

翻動甘藷之蔓。切摘草莓之蔓。

播除蕃茄、里芋、春蒔甘藍、之側芽。

甘藍、花椰菜、子持甘藍、等下葉漸黃。一部份已腐爛者。應摘去之。使不致影響葉球爲要。

灌水爲本月主要作業。塘蒿、蕃茄、石刁柏、花椰菜、甘藍、尤宜注意。

甘藍、花椰菜等。宜遮南方之日光。

采取馬鈴薯之種備用。於土中掘起時。擇無腐敗病、具固有性質之中等形、並芽部無傷痕者。晒於日中。俟外皮現縐紋爲止。與藁灰混合。收貯木箱。藏淸潔之所。

本月收穫之菜蔬。爲甘藍、京菜、紫蘇、花椰菜、胡瓜、苦瓜、越瓜、甜瓜、南瓜、茄子、夏葱、萵苣、牛蒡、夏蕪菁、番茄、番椒、菜豆、夏蘿蔔、馬鈴薯、等。

（二） 果樹園作業

施肥於柿之實蒔苗。除圃中雜草。

徐徐解除接木之繩。去切處下方之芽。

葡萄實之保護法。與其他果物同。應使當日光。不可爲葉所遮蔽。無花果、桃、葡萄、之葉。凡蔽及果實者。皆去之。徒長之枝。亦必除去。

本月着手果樹之接芽

林檎及其他果樹之果實。候適度透熟。卽採下。不然品質旣惡。有妨樹勢。凡遮斷日光。隔絕通風。蔽及果實之枝葉。並須預先剪除。

葡萄之栽植地。夏日過分乾燥。與果實發育有關。宜灌水補救。

（三）　花卉園作業

園中灌水除草。及他種作業。不可怠忽。前月遲植者。本月應早着手。

石竹開花後分根。必先刈去莖葉。其他草花亦然。刈莖葉時。卽可着手清潔花壇。

遲開薔薇之花期。凡已萎之花。速卽摘去。勿使久存。秋花種於此時。灌水施肥。增添養料。

立建西洋溪蓀等之支柱。
預防天竺牡丹之蝸牛害。
移植芍藥寒菊等。
石楠花、扶桑花、肉桂、山茶花、等實行插木。
宕菊、桔梗、朱焦、玉蕊花、等宿根草花須行插芽。
花後之球根植物。掘起後與乾砂鋸屑混合貯藏。
早春種蒔之宿根草花。可由箱室中取出。移植花壇或圃中。
麝香撫子壓條時。根旁埋入馬鈴薯之小片。則喰根之蟲羣集馬鈴薯。不致傷害麝香撫子。
麝香撫子人工媒助之花蕾、俟稍透出。常灌以水。
倒掛金鐘花謝後。切去長枝。移置清涼之所。至秋仍可著花。
猩猩木之實生木。本月中可由箱室取出。惟一時不可驟遇日光。必先置於陰

濕地，

葉蘭接芽須充分灌水。發育後刈苗插之亦生。

晴天掘起鬱金。盡除細根、外皮、幼球等。惟其實生球，往往在地下五六寸。掘取時宜留意。

前此温室及温床中插木之苗。有長三寸至六寸之強健芽條。均可移入輕鬆土中培活。毋怠灌水。温室中取出者。尤宜注意。

（四）盆景培養法

鷲草於此時開瀟洒白花。採養盆中。清風徐來。有滿座生涼之感。

瓢蕈木此時開花。其瓢形赤實。盆景觀賞尤妙。

石菖翠綠。爲月中觀賞之一。若用油粕混砂加入。增其勢力。其色更濃。

橙、夏蜜柑、木瓜、枇杷、梨等之結實盆景。爲本月觀賞品。

秋季七草盆景、此時宜早預備。

八月 立秋（八日——二十三日）處暑（二十四日——九月七日）（夏正七月節）

（一）蔬菜園作業

南瓜結實遲者。已逾定時。速將先端之蔓摘去。

採收蔬菜種子。於玉蜀黍、蜀黍、粟等。取其中穗之中央部。南瓜、西瓜、冬瓜、胡瓜、甜瓜等。亦選早熟者、留作種子。並以早生、光澤、味美、三項爲標準。茄子選其形整者。一莖留一枚。而除去其餘花實。俟全熟時。摘留爲種子。

播種蕪菁類、蘿蔔類、及菊牛蒡、韮、葱、甘藍、菠薐菜、萵苣、葱頭、體菜、山東菜、小松菜、二十日蘿蔔、白菜、小百合等。

移植春葱、大葱、莓、蒜、韭、花椰菜等。

根分野蜀葵、草莓等。

中耕落花生。並除草。

培肥於濱菜類。

翻動甘藷蔓。

摘除胡瓜芯。

驅除預防一切菜蔬上之病蟲害。

採收石刁柏種。須將無花蕾之莖切去。以減其勢力。

摘除番茄之側芽。令花當日光。

萵苣之種植期。以本月下旬爲限。種後四五葉時。卽須多灌以水。使自然膨軟發育。

補肥於葱、牛蒡、慈姑、胡蘿蔔、馬鈴薯、及其他蕪菁類蘿蔔類等。培土於葱。

園中雜草叢生時。努力拔除之。

本月收穫之蔬菜。爲大豆、小豆、菉豆、豇豆、蠶豆、刀豆、西瓜、甜瓜、南瓜、越瓜、冬瓜、茄子、番茄、葱頭、茗荷、萵苣、番椒、靑芋、馬鈴薯、夏蘿蔔、甘露子、玉蜀黍、早生甘藍、婆羅門參、薤等。

(二) 果樹園作業

本月應刈去徒長之枝。中耕、除草。驅除害蟲。保護果實。毋怠。

本月爲接芽之好時期。凡杏、李、桃、油桃、梨、均可施行。

成熟之果熟。多嫌濕。宜注意。前月不及被袋者。本月宜早行之。

梨、蘋果、等之枝條結實多者。應建立支柱。又實爲葉遮蔽者。將葉摘去之。

(三) 花卉園作業

本月園中最宜注意者有三。

灌水。天氣炎熱之時。水分最易蒸發。植物應多灌水。以補其所需。然炎天日中灌水。則葉必枯黃。故須先置植物於覆日之所。或蔭涼之處。而後灌漑。又用當日汲取之水灌漑。亦與日中灌水等。必致枯黃。是宜注意者一。

芟草。氣候漸熱。雜草亦漸長。應勤加芟刈。免損養分。致植物生育不良。是宜注

意者二

除蟲。本月爲害蟲蕃殖之全盛期。可參考前月害蟲驅除法。度其情形。應用各種藥品驅除之。是宜注意者三。

百合、水仙等。植於花壇或盆缽者。須用輕鬆之砂土。

石竹及麝香撫子。早期揷芽者。此時可以著手壓條。採種之麝香撫子花萎後。即當去其花瓣。否則降雨時溼氣侵入。有腐及種子之患。

天竺牡丹之側枝。須立支柱。毋怠灌水。敵害剪子蟲之驅除法。係於莖之周圍。輕輕打擊。或入水苔少許於盆中。將盆倒置。則剪子蟲自然叢集水苔。去之更易。

鬱金等球根。準備著手種植。

草花之子實。預防禽鳥啄食。

下旬播種蜀葵、除蟲菊、寒櫻、桔梗、山蘿蔔、菊等。

扦插薔薇於低温床。入輭鬆砂土。生根後植於盆缽。日中置陰處。數日後始移置日光中。

晴天薔薇之灌水。應特别注意。分量可較多。下部有新芽苗出。視爲無用者。卽摘去之。

周視上月接芽植物。如有傷痕。以硫礦塗之。

一切花卉類之接芽。以本月爲限。

（四）盆景培養法

松、蘇鐵、棕櫚竹。青蒼翠綠。足供本月觀賞。下旬時時摘除松之老葉。免損風趣。

月之下旬。南天竹結實。與萬兩虎刺等。並爲觀賞物。

素心蘭本月開花。置日影棚中。以當清涼之風。

西湖蘆之盆景。當良晨薄暮。清風徐來。雅致可掬。

梨、木瓜、林檎、葡萄之結實盆景。宜留心驅蟲。充分灌水。

九月白露（八日——二十三日）秋分（二十四日——十月八日）（夏正八月節）

（一） 蔬菜園作業

定植花椰菜。同時灌水。

馬鈴薯成熟時。採掘貯藏。原畦即栽植菠薐菜。

假植之莓苗及老株。此月定植。並施肥料。

培土於萵苣之株莖。使採收時白莖豐肥。

菜蔬澆肥須於土壤少熱氣時行之。如清早旁晚。最爲安全。

本月初期植體菜、白菜山東菜、京菜三河島菜壬生菜漬菜、茼蒿、萵苣、三葉芹、貝母、茴香、葱頭、葉芥、牛蒡、甘藍、花椰菜、胡蘿蔔、及細根蘿蔔等。各種蘿蔔類。

收穫玉葱。留種用者。植於本畦。至來春花實後收集。

播種甘藍及花椰菜。先用腐熟之馬糞下肥灰類等爲元肥。於整地時和入。每二尺植一本。

（二） 果樹園作業

凡遮蔽果實之葉。無論何種。均須摘除。或曲其枝。使果實受充分之陽光。籬作果樹。此月行第二回摘芽。耕鋤園地。爲肥沃土壤之一法。桃、杏、李、與樹脂豐多。徒長枝葉繁茂之果樹。本月均宜整理樹枝。以減少樹脂。使果實光澤。

（三） 花卉園作業

花壇中殘敗之夏季草花。與初放之秋季草花。均須施相當手術。不可怠廢。依夏季花之跡。植晚種秋草。又可增添一重趣味。一般花卉。欲其生長迅速。多强健之枝與花蕾。肥料固不可少。灌水與保護。亦關緊要。並不可怠於除草與驅除害蟲。

本月所植之球根類概以砂多排水佳良之土壤爲宜。因之當預先於花壇或盆缽準備此種培養土。

本月時有暴風。侵及園中花卉。宜稍加防備。凡弱小花卉。均須建立支柱。或移置牆根。或用繩繫縛爲要。

當風雨時盆栽物之大者。可視其反對方向。將盆反置。棚上下則縛以繩。以避風雨之害。

無論何時。温室窗戶。須完全關閉。以防暴風之侵入。屋上所覆葭簾。宜緊縛以防破玻璃吹飛。一面將他物整理。以免萬一玻璃下落時之損害。

春蒔睡蓮之品種佳良者。開花每遲。有至本月中旬始放者。亦賞覽妙品。壓條麝香撫子之盆種者。灌水宜少。新生長時。遇冷則移置箱室中。優等種五寸盆中植二三本卽可。惟冬季則必入箱室保護之。

普通種植麝香撫子。須設苗床。深耕施肥。壓條之外。插芽分根均可。俟根長八九寸。疏其距離。大約株間距離爲一尺五寸。天竺牡丹。本月開花最盛。應早日刈去無用之枝。留株則均建立支柱。花蕾透出。卽施稀薄液肥。花極盛時。日中以覆紙製之罩爲妙。

立葵新芽。本月宜行扦插。以爲蕃殖。並與天竺牡丹等。均宜勤除害蟲。

薔薇之根旁新芽。須留心除去。揷於九月之芽條。今已生根者。可使當外氣。强健本身。

蔓性薔薇之插木。宜置於冷坑等處。如欲揷植。以用玻璃器爲妙。

梅、黃梅、消梅、扶桑花。以本月爲插木好時節。

（四）　盆景培養法

繼續摘除蘇鐵、棕櫚、竹類、松類、檜類、等之枯葉。

玉花、木蘭、金龍邊蘭、本月開花。應照前月所載藝蘭術。施行毋怠。

四季花之薔薇。中旬爲秋季放花時。盆景物宜注意愛護。

柘榴及茘枝之結實盆景。觀賞終了。果實漸腐。宜注意防蟲菌之害。
姬紫苑上盆。與秋季七草。同爲本月觀賞品。
木犀下旬開花。落花可利用爲鹽漬或糖漬。
杜仲之紅實。下旬破裂。可與紅葉同供觀賞。
八朔梅下旬開花。宜充分注意培養。
盆植花卉。可與花壇內花卉。同置溫室。或埋置室內。
移入溫室花卉。必先使充分受日光空氣。除去病枝及病害。
蘭類於本月上盆前。必先分根。

十月寒露（九日——二十三日）霜降（二十四日——十一月七日）（夏正九月節）

（一）蔬菜園作業

移植蔬菜苗之成長者。摘去脚葉。

採收冬季用蔬菜。準備貯藏。

去朝鮮薊舊根。刈石刁柏及土當歸莖葉。留二三寸許。

採集蔬菜種子。貯藏於空氣流通乾燥清潔之所。

敷藁於四季莓株間。

播種春菊、菘菜、小菘、水葱、蘿蔔、二年生蘿蔔。均於上旬着手。豌豆、蠶豆、京菜、萵苣、卷丹、芥菜則於中旬着手。

右述各種蔬菜之主要栽培法。爲便利計。列表如下。

京菜　畦幅二尺。條播後施肥。

茼蒿　畦幅三尺。(稍隆起)撒播。

二年子蘿蔔　畦幅二尺。每距一尺五寸。播種五六粒。

葱　畦幅四尺。撒播。

芥菜　畦幅自一尺五寸至二尺。施元肥後條播。

萵苣　畦幅四尺。撒播灌水。

卷丹　畦幅四尺。點播。寒中覆藁。

豌豆　畦幅二尺。施肥後點播。每距一尺，播種五六粒。

蠶豆　與豌豆同。須植入寸許。

寒獨活之苗。此月漸長。將莖壓伏。稍覆土。節芽之邊。容易生根。芽出漸長。逐節摘下。育爲新苗。

移植甘藍。先行假植。於一畝地作三尺平方之苗床。選取優良之苗。一平方寸植一本。第一回移植。三寸平方植一本。仔細栽植。

假植花椰菜。及他種甘藍類。方法與前假植甘藍同。

移植芹、韭、獨活、萵苣類、冬葱、夏葱、山葵、等。

間拔蘿蔔、蕪菁類。(末次)株間、蘿蔔留一尺乃至一尺五寸。蕪菁五寸至一尺。

葉形不正者。葉色過濃者。莖變色而短縮者。葉過大者。均宜除去。並間拔萵苣、

濱菜、芥菜類。

本月應施補肥之蔬菜及一畝地之種類分量列表如下。

蘿蔔蕪菁濱菜類	下肥六〇斤
菾菜及漬菜類	同　三六斤
茼蒿及萵苣類	同　四八斤
葱	同一八〇斤藁灰一二斤
莓及京菜	同　四〇斤
塘蒿及芥菜	同　五〇斤
菠薐菜及野萵苣	同　三六斤

本月播種蔬菜之應施基肥者及一畝地之施肥量與種類如左。

塘蒿	堆肥一八〇斤	下肥六〇斤
芥菜	同　九〇斤	同　六〇斤過燐酸石灰二斤

豌豆　同　六〇斤藁灰　六斤同　二斤

蠶豆　同　六〇斤同　三斤同　一斤

中耕菾菜、草莓、京菜、野蜀葵、菠薐菜。次及芥菜。

培土於葱須用膨軟之土。覆至葉之分歧處。

助結球滚菜之成長凡簇生而葉之順序紛亂者。用藁緊縛葉之上端。約七分左右。根旁封土。

寒獨活之二年生者。待其莖枯。逐漸刈去。根邊掘起。敷入新鮮馬糞與堆肥。高至一尺。更覆細土。而分其根。

本月害蟲殊多。如蚜蟲類、地蚕類等。均於此時蕃衍。宜注意驅除之。

促成栽培之作業　刈取石刁柏枯損之莖葉。燒灰撒布於牀上。作幅四尺長適宜之木框於畦。並裝置玻璃罩。木框之下。盛三四寸厚之腐熟堆肥。

本月收穫之菜蔬。為蕪菁、蘿蔔、野蒿、茄子、清菊、藕、等。

（二）　果樹園作業

本月爲蘋果成熟全盛時期。梨之早生種亦成熟。此等果實之收穫。須注意樹枝。無害樹勢。

剪取桃樹無用枝條及枯葉。將幼小枝芽。暴露日中。受充分陽光。月終着手剪定。

果樹之苗木。植牀内時。應將根部向四面擴列。雨時則根與土黏著。或先踏實。使兩相密接。

種植一般果樹於果樹園。排水工事。須預爲注意。早日着手。

剪定果樹之根。以本月爲最相宜。或掘出剪定。或於根旁四周掘深溝。抑制根之非分發育。園之大小。以與剪定之枝垂直爲度。將來根株之成長亦相等。如是則來年之結果必良。

（三）　花卉作業

菊花觀賞時。每日灌以肥水。則形勢壯實。

剪定薔薇。並注意除霜。四季種晚花時。毋怠作業。

櫻草等毋忘灌水。

天竺牡丹開花時。腐敗雜草等。宜速除去。

種植秋牡丹、毛莨、鬱金等球根草花。本月爲最好時期。

寒梅須設法避除霜害。

木斛、濱木斛。及前月遲栽之花升類。均須下種。

採收蜀葵、天竺牡丹等秋季草花種子。

移植梅、櫻、百合、木賊。薔薇、木瓜、牡丹、石榴、寒牡丹、八角金盤、石楠花、山茶花、等花卉。及宿根花草。

紫羅蘭、芍藥、蘭類、繡球、菊、玉蟬花、等。實行分根。

移置麝香撫子等於箱室。以免感受外氣。

荷包花行插芽。半枝蓮草、夾竹桃、等行插木。

用櫻草補栽花壇中空缺處。

種植鬱香。於下旬舉行。混砂於輕鬆肥沃地作牀。其他球根亦同。

取君影草等之盆栽。放入室中保護之。以免風雨霜雪之害。晴天使吸幾風。藉通空氣。

（四） 盆景培養法

秋香蘭秋季花時。必置水盆中。則清潔美麗。松葉蘭繼之。亦觀賞妙品。

觀賞蜜柑、金橘、南藤、萬兩、千兩、虎刺、落霜花、山梔子、丁子桂、野木瓜、南五味子、紅白黃之南天竹。此時注意除蟲勿怠。

下旬山茶花初開。與紅葉同爲良好觀賞品。此等盆栽、均宜愛護。

猿莖花、西湖蘆、石菖、本月爲最後之觀賞期。下旬則置於清涼室中。

小菊及早菊、秋菊。先後觀賞。花期較短。須珍重。

十月櫻花時。先置稍冷之所。花蕾既大。乃移置温暖處。則花瓣大。櫻桃之結實盆景。必須於根株剪定後上盆。

馬鞭草、姜女櫻、等之盆景。手術終結後。移置温室及室內。

水仙等欲使冬季開花。須預先注意或加温。

甜橙、石榴、夾竹桃、取入温室之前。必翻動土壤表面。充分灌水。

盆栽紅葉類。及衛矛、鷄盾木等。出置園庭日光下。以當嚴霜。則葉色益紅艷。

採集石松、藪蘇鐵、井口邊草等。種植盆中。以資冬季及春初之觀賞。盆中用炭與砂礫鋪底。混入藁屑及腐葉。不必施肥。亦暫時觀賞品也。

十一月立冬（八日）——（二十二日）小寒（二十三日）——十二月七日）（夏正十月節）

（一） 蔬菜園作業

藻菜分根　先將根部切斷。每長二三寸。植於已培肥之土壤中。株間以四五寸爲宜。

播種豌豆、蠶豆、夏蘿蔔、龜戶蘿蔔、等。

移植大芥菜。畦幅二尺。條播。距離一尺。布肥後植苗。甘藍亦於本月行第二回移植。

本月應施基肥於大芥菜。用堆肥一八〇斤下肥六〇斤。過燐酸石灰六斤。

本月應施補肥之菜蔬及一畝地應施之分量與種類。

石刁柏	下肥八〇斤
京菜及塘蒿	同 五〇斤
萵苣及菠薐菜	同 四五斤
芥菜及豌豆	同 四〇斤
二年子蘿蔔	同 六五斤

間拔京菜、芥菜、二年子蘿蔔。及圃中他種菜蔬之須間拔者。

中耕恭菜豌豆、蠶豆、塘蒿、菠薐菜、二年子蘿蔔等。

凡寒氣較盛之處。龜戶蘿蔔、萵苣、菠薐菜、塘蒿、秋蒔葱類、應避除霜害。或用葭簾圍於北方。

促成栽培。本月應行之作業。上旬作茄子之牀。中旬種蒔。下旬間拔。石刁柏並收穫二年生者。及作胡瓜冬瓜菜瓜等之牀。

本月收穫之菜蔬、爲薑、蕪小蕪、蘿蔔、絲瓜、漬菜、萵苣、甘藷、薯蕷、薤、葱、寒獨活、胡蘿蔔、結球漬菜春蒔塘蒿夏蒔馬鈴薯等。

（二）果樹園作業

開始整理籬作之果樹。及棚作之榲桲等。

移植一切果樹。並剪定枝根。使其相稱。

採取果樹之接揷穗木。置土窖中。或南向乾燥陰地。用砂與真土配和。上面並覆藁蓆類。穗上或鋪淺土。

掃除果樹木幹上之地衣蘚苔類。或塗以石灰水。

拂落果樹上枯葉。於中耕時和入土中。

（三）　花卉園作業

培肥梅、櫻、櫻桃、肉桂、楊梅等。並一切花卉類。

防除霜害於花卉之實蒔物。更宜注意。

剪定花卉類。並着手寒中接木。設法除去寒牡丹之霜害。

觀賞中之秋菊。宜避雨及霜害。使美花得以持久。兼保護枝根。

灌水於温室中花卉時。莖葉及根株之間。宜直接浸透。惟温室內秋菊則反忌多溉。

栽植春季觀賞植物。取入箱室。

箱室中秋海棠。如斷絕外氣。則每生黴。致發育不良。温暖時須移置露地。使之豔美。

天竺牡丹花後。於霜未降時。須預將球根掘起貯藏。或箴土中。或被藁以防寒氣。

汲取溝底積土。掃除落葉塵芥。以與已腐之堆肥肥土。層疊堆積。澆以肥水使腐。並不時翻動。春季混砂篩過爲最好之培養土。

移植薔薇。同時剪定插木。

植半枝蓮於混砂土中。植鬱金於花壇。

溫室內蘭類。宜常保持清潔。而現乾燥狀態。除去荷包花之枯葉。並驅除害蟲。

（四）盆景培養法

盆景及寄植之紅葉與松、槙、杜松。於上月除去枯葉後。中旬置入葭簾棚中。勿使受日光。日中灌以溫水。（晒過之水）

中旬移取蘇鐵、棕櫚竹、泰山竹、諏訪竹、置入箱室或暖室中。室內須備水灌漑

泰山竹耐霜力弱。宜特別注意。

初花之寒蘭。及菊類猿莛花。宜注意晝夜温度之變化。否則驟寒驟熱，危險殊甚。

此時蟲害亦盛。均須驅除後。置入箱室。

佛手柑、金橘、蜜柑等。黃實紅果。爲本月觀賞者。宜置入温室及暖室。

南天、萬兩、之紅白實盆景。取置室中。雅潔可觀。

山茶花之花瓣，不堪霜摧。宜置入室内。並可達早花目的。

用小菘菜等種子。混砂土真土。薄播淺盤中。約五六分深。與以肥料。並灌以水。則漸簇生。置於室内。至正月時。高二三寸或一寸餘。開黃色之花。有盤裏金波春之别趣。

葉蘭開花最遲者。本月初放。然逢霜卽萎。不堪觀賞。當先取入室中。或向日軒下及温室中。植地上者。則架覆葭簾。以免霜害。

石榴及姬石榴之盆景結實。若於本月中旬。與他種盆景果樹。同用油紙包固。

以免霜害。則越冬後風致嫣然無損。

金蓮花遲植者。本月開花時。應取入室中。能延至冬季開花更妙。

金合歡、銀合歡。最嫌寒氣。宜速取置温室。

淡泊而清香馥郁之四季花木犀。本月爲最末次之花期。中旬須移置向日軒下或温室。

山櫨子結實盆景。上旬置於軒下。或取入葭簾棚中。下旬實色黄綠。亦甚可愛。

八朔梅下旬開花。甚珍奇。花後培養。與寒梅等。

小町菊最宜盆栽。且惡暖氣。故宜於冬須時時移息於清涼之所。植之肥土必注意其開花。

蔓胡椒中旬取入室中。至下旬其實真紅。雅致可羨。

十二月 大雪（八日——二十二日） 冬至（二十三日——一月五日）（夏正十一月節）

（一）　蔬菜園作業

撲殺冬季害蟲之卵。或暴露於空氣中凍死之。

培肥於菠薐菜、春葱、韭蒜、等。並補肥於下列各種蔬菜。

大芥菜	下肥六〇斤
龜戶蘿蔔	同　一二〇斤
二年子蘿蔔	同　八〇斤

中耕大芥菜、二年生蘿蔔等。

製造堆肥。

修繕農具。

整理種子。

作促成栽培莓、紫蘇、茗荷、款冬、塘蒿、獨活、之牀。

種植胡瓜、菜豆、冬瓜、紫蘇。植莓於盆。

移植茄子菜豆。

切斷促成栽培用之欵冬、茗荷。各長五六寸。束把密植於溫牀。其芽向上。被米糠尺許。更覆玻璃爲障。

掘取促成用塘蒿之根。株切其莖葉。以十本爲一束。密植於牀上。蓋玻璃罩。並鋪薦。床中溫度。大抵常保二十度至二十三度。若溫度增高。則易起腐點。宜留意調節。

本月收穫之菜蔬。爲京菜、牛蒡、薯蕷、甘露子、芥菜、胡蘿蔔、寒獨活、秋蒔茼蒿、秋蒔菠薐菜等。

（二） 果樹園作業

各種果樹。宜注意防寒。而巡視果園、驅除害蟲、毋令越冬、尤爲要着。

溫暖地方。宜厲行剪定。柑橘類須及時採收。

播種枳殼、柚等。移植石榴、無花果、蘋果、梨、櫻桃、胡桃及桃。

（三）　花卉園作業

爲二年生草花及宿根草花除霜害。菊於花後。刈短置軒下。取入室中更妙。花卉類之大者。根鋤之際。根旁敷入厩肥堆肥並混入粗骨粉。花卉之剪定、移植、接木等、作業。與前月同。均不可怠。盆植之西洋水仙、椿等。置入室內或溫室。則較安全。經濃重之霜。爵香撫子等根旁。應輕加壓抑。恐其根浮起受寒。一般草花。受霜害及野鼠害者。亦宜同樣作業。箱室中草花及球根類、着花時。移置溫度較低室中。則可經久。前月所記培養土。本月應着手作業。

（四）　盆景培養法

八朔梅花後。冬至梅即繼之放花。入室之普通梅。本月中旬亦可見花。雖歷一月。猶可觀賞。

梅樹耐寒暑。入室前雖在極清涼之處。暴露寒霜。置入室中。卽可暫用火氣。溫度驟增至六十餘度。亦無不可。但室內應預備灌澆用水。晴天每日須澆七八次。陰天至少二三次。以爲保護。如是則入室三星期。卽可點點着花矣。

室中開放之花。不可使當寒氣。宜於日中暖時。自室中取出向日。至夜移入室中。如是則雖早日着花。無損樹勢。此法行諸盆梅最宜。否則必須選十分强壯者。置入室中。

木瓜、黃梅、姬辛夷、等。正月花者。與梅先後入室。同時着花。

福壽草、結實南天、欵冬花、赤蘿蔔、紫金牛、等。均爲新年中觀賞盆景。伴梅供奉。尤增風趣。本月二十日後取入室中。長短黃白諸色相混。益形富麗。

上述種植品。大都用普通盆。如於栽松柏小竹之優良選盆中。添以黃白黑赤之細砂。裝作表土。倍覺有趣。

松、杜松、羅漢松、金松之盆栽者。恐爲寒霜所害。應移置葭簾軒下或室中。

棕櫚竹、竹類、蘇鐵、佛手柑、等柑橘類之觀賞。宜在室內。
寒菊、鳳凰蘭、豐歲蘭、等之觀賞與前同。
南天之結實盆景。觀賞時置於軒下簾中者。應注意禽鳥之啄食。
椿與薔薇、在本月末開花時。須於四五日前取入室中。早期入溫室及室中者。
花時亦並不見佳。
水仙與上兩項同。亦不必早期入室。花前四五日移入。爲最適當。
萬兩、千兩、紫金牛、虎刺、亦可不必入室。惟通常均於室中觀賞。
松葉蘭、猿蔻花、前月入室中及溫室中者。觀賞時注意排水。
金蓮花七月開花後。摘去枝葉行實蒔或插芽。此月取入溫室。促其放花。
野木瓜衞矛實敗時。可遷入居室中。不必十分保護之。
蔓胡椒之實。下旬始紅。上旬即宜入室。
猩猩木中旬置入溫室中。月末於深紅之葉間起花蕾。此等觀賞。不限於居室及温室。

仙人掌、秋海棠、移入室內供觀賞。

室外之盆鉢。恐爲寒氣所侵。致冰凍而碎裂。須用篾緊束。或用繩束藁草打結投入。可保無虞。

附錄

▲土壤

一　土壤由來

各種植物。除生產於沼澤者外。大抵賴根部吸收土中養料。以維持生活。是以栽培家應首先研究土壤。

考土壤之來源。皆由於岩石之風化。亦有因生物界關係。由大塊岩石漸漸粉碎爲砂礫泥土者。

土壤雖為岩石風化所成。因諸種關係。其形狀性質各異。或入川流。沖積於江瀦海濱。或混雜腐爛生物。頓變原形。

二　土壤種類

土壤性狀各異。種類紛雜。概別之為下列數種。栽培家可就其所需而利用之。

礫土　細小石粒。化為礫土。最適於栽培果樹。欲於礫土栽植蔬菜。則必和以堆肥厩肥粗骨粉等漸效肥料。礫土百分中。通常約含砂七十分以上。因所含分量。可分砂質礫土粘質礫土二種。

砂土　含砂約百分之八十。餘二成為粘土及腐植土。空氣水分溫度。均易流通。惟肥料則難保持。苟和入多量堆肥厩肥等。栽培果樹蔬菜花卉。均無不可。用以培養盆景。則必和以他土。然後結果佳良。又砂土有雲母砂土石英砂土之別

粘土　亦稱埴土。含有粘質土十分之七。乾時則固結難合。濕時則浸潤難離。

二者均有害作物之根。此類土壤。最宜於稻作。栽培園藝作物。非改良不可。

壤土 成分中砂土與粘土相等。或稍有增減。爲中性之土壤。其性質介於砂土粘土之間。最宜於栽培園藝作物。其含砂土多者。稱砂質壤土。含粘土多者。稱粘質壤土。含腐植質多者。稱腐植質壤土。

腐植土 亦稱壚土。含有腐植物最多。花戶以其色黑。呼爲黑土。安置於盆缽下面最屬相宜。保溫蓄水貯肥等性均極强。但水分太多。有機酸每害及作物之根。如混入他種土壤。則効果佳良。爲可貴之土壤。

石灰土 含有多量之炭酸鈣及酸化鎂。因混合成分。可分爲石灰質粘土。石灰質壤土。排水佳良。空氣與溫度均易通達。肥料則難保持。宜增加有機物。鋪入堆肥廐肥等。此種土壤中。如施以燐酸肥料。則與石灰化合。而爲燐酸石灰。爲不溶解之化合物。無益於園藝作物。不可不注意。

火山灰土 當火山噴發之時。由岩石溶崩而成。少粘合力。乾則飛揚。濕則下沉。若與以適當水分。爲盆景用土中之至佳者。植松最宜。

三 土壤改良法

土壤種類既多。性質各異。所以栽培作物。欲達茂盛目的。應設法改良以適應之。其法有三。

排水法 土壤含水分多或易蓄水者。如行排水法。可以大變其原質。法於田圃周圍四境。統掘深二尺餘之溝。春秋二季。濕氣充足時。可藉以減少水分。而惠及作物。溝幅之廣狹。溝數之多少。均可臨時增減之。

客土法 甲地土壤。不宜於某種作物之栽培而事實上又必須於甲地栽植某種作物時。祇得移乙地或他處之土壤以資調和。是謂客土法。如礫土砂土。吸收力薄弱者。則和以客地之粘土腐植土等。如粘土腐植質土之粘重者。則和以客地之砂土礫土等。可使原有不相宜之土壤。一變而爲適宜優良者。

燒土法 凡含有機質較多之粘重土壤。欲完全改良。惟燒土最易收效。此法先將指定行燒土之地。耕起五寸餘。耕鬆。鋪入藁屑落葉塵芥等。着火焚燒。則是則土壤輕鬆。諸不溶解性物。頓變爲有効性。化無用爲有用矣。

▲肥料

一　施肥目的

吾人施肥料於蔬菜果樹花卉等之主要目的。在佐其生長茂盛。然終歲無人施肥之山野樹木。繁茂特盛者。何哉。蓋天然自生草木，落葉枯枝。日積月累。逐漸朽敗。層堆疊積。比諸普通耕作地。賴人工施肥者。有過之無不及。故土地肥沃。樹木益茂。至於栽培作物之園圃中。無此等天然肥料。所栽作物。總屬有用。收穫期屆。卽悉數刈取。間有雜草。每次中耕。去之惟恐不盡。賴以營養者。僅爲人工肥料。是故吾等欲冀果實夥頤。蔬菜鮮嫩。花卉艷麗者。不可不施肥料。

二　肥料要素

肥料之要素維何。曰窒素。曰加里。曰燐酸。通稱肥料三要素。分述於次。

窒素 在空氣中占十分之七。乃溶解性之化合物。便於作物根之吸收。但豆科作物乃荻等。根部共有瘤狀突起。中部為細菌所寄生。刺激空氣中之遊離窒素起同化作用。是以此種作物。富有窒素。而無須加施肥料。肥料含窒素最多者。首推油粕。

加里 此項要素。作物吸收之量最大。土壤中含量亦多。肥料如木灰藁灰。均富有加里成分。

燐酸 乃燐素與酸素及水素之化合物。土壤中時或十分缺少。故不可不補給之。園藝作物之需要此種肥料者。以根莖類果樹類禾穀類為最。施用燐酸肥料以前。調合之際。須分量相稱。

三 肥料種類

肥料之種類衆多。各地各有慣用者。約舉如左。

油粕 蕓薹之實。搾去油分者。其糟粕曰油粕。(市上所購者。普通為盆形薄片。俗稱油餅。）施用時。打碎和水。並與液肥相混，或先浸水中，或煮透成糜，則見効易而結果亦佳。

豆粕　搾大豆去油所得之糟粕，曰豆粕，（俗稱豆餅。）必俟其腐爛。然後使用。普通每百分中含窒素七十分。燐酸十五分。加里十分。三要素均有之。

廐肥　馬牛羊等家畜之排泄物及廐中積藁，曰廐肥，乃動物尿糞與藁類之混合物。所含三要素適勻。爲有効性之漸効肥料。牛豕廐肥之含有量相差無幾。馬廐肥爲最有用之醱酵肥料。可利用其發熱，造作溫床，此種肥料。堆積貯藏時。常宜翻動。

堆肥　堆積藁屑枯草塵芥及其他雜質時。注水使熟腐，名曰堆肥，三要素均完全，短時間即生効驗。用於蔬菜種植地或改良土質。最爲有効。

綠肥　農家樂用之肥料也。由收取山澤青草，堆積腐爛而成。（或種紫雲英等豆科植物備用。）費用較廉。亦較清潔。爲園藝上主要肥料。又有以藻類等爲原料而釀之者。此種肥料。暑天覆於作物根上。可免旱患。

魚肥 濱海之區。收集魚腸及魚之頭尾。並煮魚油所剩之糟粕。去其水分。碎爲細粉。與油粕混用。或侵魚骸於桶中。加水使之腐敗。汲其汁。混入堆肥。敷於土中。其渣滓於腐敗醱酵後。燒於草花之根部。最宜。

蠶渣 蠶砂（蠶糞）與飼蠶殘餘之桑葉脈柄等混合物。乃熱性肥料。與堆肥混和使用。其効能更顯。

鳥糞 普通以家禽鷄鴨鵞鴿等排泄物爲主體。海濱島嶼。往往有海鳥之積糞甚多。富有三要素。而燐酸較多。可用新鮮者。直接施於作物，如於腐敗後。與堆肥混合施用。則較安全。果樹根部。需要量更多。

下肥 卽吾人體內排出之尿糞。新鮮者含有尿酸及尿素。有害作物。致起腐敗。並易招蟲害。須埋藏土中。上覆細土及灰。積日既久。可免此患。使用時。普通加水五倍至十倍。施於蔬菜花卉。則效驗較速。

骨粉　屠宰場及肉鋪中。各種動物之殘骨及細屑。磨碎成粉。曰骨粉。乃燐酸質肥料。既無臭味。容積又少。惟効驗較遲。宜施於果樹園中。

草木灰　植物質經火焚化後。所餘灰燼。亦可作爲肥料。雖別爲草灰木灰。其成分無異。含質以加里燐酸爲多。施於馬鈴薯等。其效特顯。顏色深者。効果尤大。

過燐酸石炭　爲人造肥料之主要者。所含三要素中。以燐酸爲多。蔬菜果樹花卉等。既施用廐肥豆粕。可用此爲補肥。

重過燐酸石灰之中。有效燐酸之量。遠過於前。故效能大而速。與前者同爲無臭味之灰色重粉。

四　施肥注意

植物之需要三要素。其量互異。施肥時可依各種肥料之三要素含有量度其情形。而定調合標準。務求適合實用。

三要素之效用。窒素为叶肥。燐酸为实肥。加里为根肥。是以欲得良果者。施燐酸肥。欲采嫩叶者。施窒素肥。欲求根大者。施加里肥。各从其宜。非可妄用。肥料均含有三要素。惟含何种成分较多者。称为何种肥料。肥料含质单纯。或含一种要素者。植物之吸收较难。

作物需要肥料量。普通作物学家。每以数理核计。厘订标准。但非可据为定则。仍须以日常研究所得之经验折衷之。

肥料施用量。每因土质而增减。如砂土砾土等。每次施肥。应依标准酌量加多。因表土容易吸收而流至下层。或为雨水冲刷无存故也。

五　肥料成分

吾人施肥。所以求有补于作物。故当考究各种肥料之成分。俾知作物于一亩地中。应施燐肥若干。窒素肥若干。加里肥若干。因可依各种肥料之含有量而配合之。兹摘录各种肥料含量分析表如下。

肥料之種類	窒素	燐酸	加里	有機物	水分
人糞	〇・五〇	〇・〇五	〇・〇二	一・六〇	九六・九〇
又（稍混尿）	一・〇四	〇・三六	〇・三四	九・五八	八八・五八
人糞尿	〇・五七	〇・一三	〇・二七	三・四〇	九五・一〇
新牛糞（混稾）	〇・三四	〇・一六	〇・四〇	二〇・三〇	七七・五〇
新馬糞（同上）	〇・五八	〇・二八	〇・五三	二五・四〇	七一・三〇
新廐肥（各種混合）	〇・三九	〇・一八	〇・四五	二一・二〇	七五・〇〇
新鷄糞	一・六三	一・五四	〇・八三	二五・四〇	五六・〇〇
乾鷄糞	三・八〇	二・八〇	一・七〇	—	—
新魚粕（各種混合）	二・八〇	三・四〇	—	二八・七〇	五八・六〇
乾魚粕（同上）	六・〇二	七・六〇	—	六三・八〇	七・九〇
鯡魚粕	八・三〇	五・六〇	〇・七〇	七二・二〇	一〇・五〇
鰛魚粕	九・七〇	四・〇〇	〇・五〇	七四・四〇	一二・三〇
鯡魚乾	六・六〇	二三・〇	〇・六〇	六一・五〇	一七・九〇

鰮魚乾	七•五〇	三•七〇	〇•七〇	二七•一〇	七•〇〇
魚鱗	五•八八	一六•五〇	〇•八四	—	—
新蠶沙	二•一七	〇•二九	二•一二	—	八七•九五
骨粉	三•八〇	二三•二〇	〇•二〇	三〇•三〇	六•〇〇
骨灰	—	三五•四〇	—	三•〇〇	六•〇〇
角粉	一〇•二〇	五•五〇	—	六八•五〇	八•五〇
頭髮	七•一〇	—	—	—	—
半熟堆肥	〇•五〇	〇•二六	〇•六三	一九•二〇	七五•〇〇
腐熟堆肥	〇•五八	〇•三〇	〇•五〇	一四•五〇	七九•〇〇
豆粕	七•六七	一•一〇	一•五八	七八•四八	一二•三〇
油粕	五•〇五	二•〇〇	一•三〇	八三•〇〇	一一•三〇
胡麻油粕	五•八六	三•二七	一•四五	七九•六〇	一一•一〇
新燒酒粕	一•九八	—	—	三八•五〇	九九•六〇
乾燒酒粕	六•二〇	〇•五〇	〇•一五	—	—

新醬油粕	六・〇二一	六・二三	〇・八八	三九・六七	五三・六〇
乾醬油粕	四・一三	〇・三五	〇・三三	七二・五六	一三・七〇
米糠	二・〇八	三・七八	一・四〇	七六・二〇	一一・三〇
藁灰	—	二・一〇	四・五〇	五・八〇	二・一〇
木灰	—	三・九〇	一一・七〇	一・二〇	四・一〇
庖厨溝泥	〇・六〇	〇・四〇	〇・一〇	五・四〇	五九・一〇
庖厨積水	〇・〇二	〇・〇一	〇・〇三	〇・二〇	九九・六〇
浴室積水	〇・〇五	〇・〇四	〇・〇一	〇・〇四	九〇・〇〇
淘米剩汁	三・〇八	三・八七	一・二〇	九一・一一	六・四九
硫酸錏	二〇・五〇	—	—	—	—
智利硝石	一五・一五	—	—	—	二・六〇
純燐酸	—	—	一九・八三	—	—
骨粉製過燐酸石灰	二・六〇	一七・六〇	〇・一〇	—	—
骨灰製過燐酸石灰	〇・五〇	一六・〇〇	—	七・〇〇	一五・〇〇

又（東京肥料公司出品）	——	一六・八〇	——	——	一〇・五〇
又（大阪硫曹社出品）	——	全量一六・〇〇 水溶一三・一〇	——	——	——
篤買斯燐肥（Thomas）	——	一七・五〇	——	——	——

▲園藝作物移植之注意

移植草花及蔬菜。用鍬或移植鏝。掘取時。毋切斷或傷害其根。緊附細根土之。勿使散落。直接移植。最爲安全。

一切秧苗。移植時極易枯萎。因根之吸收水分停滯。而莖葉之蒸發依舊。水分漸少。因以萎枯。宜去其無用之枝葉。設法遮避日光。與以濕氣。免枯萎而傷元氣。晴天之移植。選用旁晚。卽此理也。

苗之移植於本圃者。如葱等須稍帶斜度。他種植物。是否可以應用此法。亦視種類而異。

盆栽之花卉。移自地床者。可埋盆於土中。使盆面與地面平。如是則節省水分。

生活較易。成長較速。美人某氏所用之移植器。法同而極輕便。一面可開闔。果樹之移植。稍遲無妨。梅雨期中。亦復相宜。其注意點。必使枝與根之面積相仿。雙方剪定後移植。踏實根旁。覆蔽日光。而時與以水。勉之勿怠可也。老樹之移植較難。非可驟然着手。一次即克成功。必先於根之周圍。開掘切斷長根。抑壓幾分勢力後。對枝行第一同剪定。第二第三次。須枝根同時舉行。再抑制其幾分勢力。惟枝葉務必平均。至來春乃行移植。則大概無甚危險。

▲分蘖法

繁殖作物。實蒔以外。欲求簡捷之法。厥惟分蘖。凡宿根花卉及小灌木並蔬菜之叢生者。均可施行此法。時期約在立春後二日。視芽之生長及時與否而遲速之。法先將舊根掘起。徐徐振落根旁附土。分剪一莖或二三莖為一部。就指定之處植入。時灌以水。肥料則俟生活後施用。

凡宿根草花之行分蘖者。株大則花小。通風處則肥料應加增。菊除蟲菊桔梗金西禾苗等。尤宜特別注意。

▲園藝用具

園藝用具。有謂一鍬足用者。是未免過於簡陋。普通所必需者。經園藝家之考慮。定爲七種。茲特介紹於後。

立鋤　爲耕地掘穴掬土之要器。經此器耕鋤後。前進作業。決不污足。表土亦無踏實之慮。

三角鋤　作畦開穴劊草等。通用輕便。

齒耙　耕鋤後整地用。始則以背用力壓平表土。次用正面之齒搔勻。成極整齊之地場。他若播去除草之跡。清潔園地。與播植後之覆土。均可用之。

尖齒耙　除去雜草。撒播種子。

叉　扱取堆肥廐肥稾屑等。

鏟　爲作畦清渠除磚礫等必用之具。

移植鏝　亦稱圓鏝，爲移植花卉蔬菜幼苗之要具。

以上七種之外。如噴霧器、育苗箱、人力除草器、孤輪車、木鍬、鎌、大小鍬、箕、竹手耙、篩、水桶、柄杓、擔桶等。均爲要品。亦當次第購備。

▲園藝植物之病蟲害

病害　園藝植物之病害。多由黴菌所致。其主要原因。大概由於土壤溫度空氣光線及水分養分之關係。至生育不良。或因傷痕而誘致病菌者種類甚多。有動物寄生植物寄生之別。而其害則一。

殺菌劑　植物既罹病害。應早日設法消滅。以弭後患。茲述有效劑於次。

炭酸銅阿母尼亞溶液

炭酸阿母尼亞　三十五兩

炭酸銅　七十兩

右二種溶解於六合五勺之熱湯中。使用之時。和水四斗稀釋之。灌注於被害植物。

又法。炭酸銅七十兩。溶解於一合五勺水中。使成糊狀。再徐徐加入强阿母尼亞水(二十六度)一合五勺。使用時加水二升五合稀釋之。此液灌於植物葉上。不可有沉澱。

硫酸銅石灰合液

硫酸銅七十兩。溶解於少量溫湯中。俟全部溶解。與石灰四十兩之適宜溶液。攪拌混和。然後使用。此際先投入發銹之小刀於液中。浸漬數分鐘。見刀上起變化。即可使用。並可證明無害於植物。若液中浸刀現銅色。則必更加適量之石灰。然後注射於被害之植物。

硫酸加里液

硫酸加里七十兩。溶解於五合五勺熱湯中。使用之際。須加水七升五合。

●害蟲● 昆蟲生殖之繁。人所共知。諺云。春時一頭蟲。秋季又萬頭。園中植物苟被其殃。甚至收穫絕無。殊可慮也。其主要種類。有蟻、蚜蟲、天牛、尺蠖、烏蝎、捲葉蟲、介殼蟲、金龜子、夜盜蟲等。

蟲害預防驅除法　驅除害蟲。必先知其生活習性。如口為吸收狀者。則利用其吸收毒殺之。口為咀嚼狀者。利用其咀嚼毒殺之。或撒布藥物於氣門。以阻其吸收。或用軟石鹹或石油乳狀劑以毒殺之。

驅除害蟲。是行於昆蟲已發見之後。但事前亦須設法預防。凡園中雜草叢生之區。皆足誘致害蟲。藉以蕃殖。務必肅清雜草。以絕其源。又樹木剪定後。殘餘枝葉。當付之一炬。免留餘孽。耕鋤之際。有幼蟲或卵發見。當即壓殺。以防蕃衍。

殺蟲劑　如前所述。依各種害蟲之特性。利用所好。皆足致其死命。而卵塊及幼蟲。則非用腐蝕性之藥品。爛死之不可。下列各種殺蟲劑。效驗極著。一次不足。則再施之。每三四日。施行一次。

石灰酸溶液

石灰酸三合。硬石鹼六合。溶解五升熱湯中。用時加水五十倍。稀釋之。然後注射。

亞砒酸鉛溶液

少量之水。溶解適量之亞砒酸曹達。更加水四斗。稀釋備用。另以亞砒酸鉛二十一兩。溶解於少量之水。注入前述曹達液中。並加糊狀白蠟二磅。攪拌混合。此種溶液。有粘著性。用於害蟲之幼蟲及蛞蝓。為最相宜。

加里溶液

苛性加里一磅。溶解於水二升五合中。加炭酸曹達四分之三磅。充分攪拌。加水二升。混利待用。此液有腐蝕性。勿觸衣服及肉體。

硝酸曹達液

硝酸曹達之濃厚液。驅殺蚯蚓地蠶最宜。

白蠟乳劑

軟石鹹六合。溶解於一升二合熱水中。於未冷時。加蠟三合。充分攪拌。使用之時。此種水劑三合。加軟水三升。並利少量之納富太林。卽可。歐美諸國。多用以驅除椿象蚜蟲等。凡有吸收口者。効驗均著。

明礬溶液

明礬溶液。熱至五十度（攝氏）後冷之。容易殺滅害蟲。於驅除金龜子捲葉蟲等最宜。

煙草石鹼液

用石鹼十兩。碎而溶於溫湯中。後加煙草葉汁十五兩。酒精十三兩。最後加水二合五勺。使用時。另加五倍至十倍之水。

綠色砒石

砒石一名巴黎綠。用以殺滅有咀嚼口之蟲類。最爲有効。但砒石含毒質。用時宜注意。砒石原爲粉狀。市上發售者。多爲糊狀。七兩中加二斗五升水溶解之。並加入石灰十四兩。拌攪使用。此液如用以驅殺果樹之害蟲。限於果實成熟一月以前。

紫色砒石

與前綠色砒石。共爲歐美廣用之殺蟲劑。含有四分至五分之砒素。使用時加五倍小麥粉。於朝露未乾時撒播。或加五十倍石灰水澆灌亦好。

除上述外。有用電氣及薰蒸等法。驅除害蟲者。著手較難。不復記述。

▲蔬菜輪栽及採種法

栽植同種蔬菜於一地。年久不更。則必失其原性。而變爲劣種。斯輪栽尚已。輪栽時期。普通三五年。至多八年。茲爲便利計。製定輪栽表。並述前作物種子。如何採收。採收後可遲至何年播種等。諸種事項。詳列於次。

名稱	輪栽年數	前作物	種子有効年數	採種法

芹	一	稻水藍		收種容易
韮	一－二	夏作物		同右
葱	二－三	麥類冬作豆類	一	取熟實種子晒於蓆上採擦經風選或水選而貯藏之
玉葱	一－二	夏豆秋作物	一	秋季植固有球根至春季花實後同上法收種
菜豆	二－三	秋作物	三－四	選實粒形整肥大者
豌豆	四－五	禾穀類夏作物	同右	同右
蠶豆	二－三	同豌豆	同豌豆	同豌豆
鵲豆	二－三	同菜豆	一－二	同甜瓜
刀豆	同右	同右	同右	同右
豇豆	同右	同右	二－三	選實粒形正肥大無損害者

番茄	三—五	同胡瓜	一—二	同甜瓜
京菜	一—二	蔬果夏作物	三—四	選原形葉莖所生之種子留用
菾菜	同右	秋冬作物	二—三	選正形之根移植摘除花梗之中央實熟後乾燥貯藏
韭菜	二—三	冬作物	一	生育良好經移植者所生之種子可採用
西瓜	五—八	蘿蔔麥類蕪菁菜類	二—三	選正形成熟蓏之種子水選於日中晒乾入布袋貯藏
甜瓜越瓜	三—五	同右	一—二	同右陰乾或晒乾
胡瓜苦瓜	同右	同右	同右	取莖上第二或第三個正形成熟蓏之種子水選晒乾或陰乾貯藏

冬瓜 扁蒲	同右	同右	同右	同西瓜
洋芹	一—二	秋作物	一—二	容易採種
茄子	五—六	同胡瓜	同右	留一莖中第二個正形茄熟落後收其子水選陰乾或晒乾
款冬	一—二	秋作物及胡瓜		採種容易
茼蒿	同右	春秋作物	一—二	同右
塘蒿	二—三	冬作物	同右	生育良好經移植者所結之種子可採用
紫蘇	一—二	秋作物或麥類	二—三	採種容易
牛蒡	五—六	麥類菜類	二—三	四月上旬作幅二尺之畦株間三尺下種後充分施肥花落實熟乾燥後打落種子晒二日貯藏

黑芋	二—三	麥類		選收整形塊根
番椒	同右	秋作根葉菜	二—三	採種容易
防風	一—二			同右
生薑	二—三	麥類		選收整形塊根
慈姑	一—二	稻水藍		同右
卷丹	同右	秋作物		同右或採收腋芽播種
蘆筍	十年		三—四	採種容易
落花生	二—三	麥類	一—二	同甜瓜
食用菊	三—四	同右		採種容易
菠薐菜	一—二	各種蔬菜	一—二	同右
野蜀葵	同右	秋作物或麥類	同右	同右
土當歸	同右	麥類	二—三	同右

胡蘿蔔	同右	麥類蠶豆豌豆等	四—五	秋季作幅二尺之畦株間一尺下種後施肥花後留其中央莖實熟後打下晒三日風選貯藏
甘藍類	同右	秋作菜根葉菜	三—四	用球根移植及春季將結球十字形當頂切之促其開花結實後採種或於去球處留殘莖發生球葉秋季播植及實熟後採種種子均須晒乾後貯藏
萵苣類	同右	秋作物	一—二	採取秋蒔經移植者所生之種子留用
芥菜類	一—二	秋作根菜葉菜蕎麥	一—二	同右
普通菜類	同右	夏蘿蔔大麥豆甘藷	四	同京菜
美洲防風	同右	夏作物	二—三	選正形之根移植摘除花梗中心餘同牛蒡

△蔬菜與土質

蔬菜有好高燥者。有好潮潤者。性各相異。故所需土壤。亦有砂土粘土及乾燥潮濕之分。或謂引砂土與粘土混合。使成相當土壤。則均能適合而成長。然此爲理想之談。未必能切實用。最好依各有之特性。因其所宜而利用之。然後定栽培種類。

乾燥肥沃之粘質壤土。宜栽葱頭、慈根、蓮根、欵冬、甘藍、羽衣甘藍等。

稍濕肥沃之壤土。宜栽茼苣朝鮮薊等。

稍濕之砂質壤土。宜栽葱韮大黃花椰菜婆羅門參等。

稍乾之肥沃壤土。宜栽青芋、塘蒿、菾菜、蘘荷、菠薐菜、小松菜、野蜀葵等。

稍乾之深層砂質壤土。宜栽甘藷、番茄、石刁柏、爪哇薯、美洲防風等。

表土層較深之肥沃壤土。宜栽茄子、菜豆、鵲豆、牛蒡、蕪菁、菾薐、胡蘿蔔等。

肥沃之砂質壤土。宜栽胡瓜、南瓜、越瓜、甜瓜、西瓜、冬瓜、百合、大芥菜、菘菜等。

不擇土質者。爲薤、豌豆、刀豆、蠶豆、胡麻、菊芋、紫蘇、甘露兒等。

▲蔬菜與溫度

蔬菜之生成。必賴乎溫度。有須高溫者。有須溫度而不耐高溫者。是以學者分爲好熱、好冷、平溫等三項。

好熱性者　胡瓜、西瓜、甜瓜、番茄、茄子、甘藷、玉蜀黍等。

好寒性者　甘藍、萵苣、塘蒿、萊菔、豌豆、爪哇薯、菠薐菜、婆羅門參等。

宜平溫者　葱、薤、菊芋、甜菜、洋芹、大黃、苦苣、韮菜、胡蘿蔔、朝鮮薊、石刁柏等。

▲蔬菜與水分

蔬菜之生成。必須水分。惟其中有好溫者。有忌濕者。有因多水濕而致病患。損及品質者。分列如下。

好乾燥者　西瓜、甜瓜、蕃茄、甘藷、茄子、菊芋、朝鮮薊、婆羅門參等。

好濕氣者　葱、薤、萵苣、豌豆、甜菜、洋芹、大黃、韮菜、石刁柏、胡蘿蔔等。

濕多易罹病蟲者　葱、胡瓜、甘藍、塘蒿、萵苣、豌豆、玉蜀黍、爪哇薯、胡蘿蔔等。

濕多有害品質者　胡瓜、甜菜、爪哇薯等。

濕多微損品質者　薤、韭菜、蕪菁、菜菔、甘藍、塘蒿、萵苣、苦苣、洋芹、大黃、胡蘿蔔、菠薐菜等。

成熟時好乾燥者　葱、甜菜、豌豆、玉蜀黍等。

以上所述各項外。並與土質有連帶關係。凡作物生育於氣候濕潤時期者。不宜重土。應選栽於輕土。生育期氣候乾燥而降雨少者。則與前相反。應選栽於稍重土中。如作物之根。深入土中。則須預行深耕。總之隨作物之種類。視其所好。調劑冷熱乾濕。則必臻完善。

▲蔬菜培肥之標準

蔬菜施用肥料之多少。與各地之氣質有關。非可一定。茲錄日本河村九淵氏**研究所得者。以資參考。**

甘藷

普通需用量　堆肥一百斤。下肥六斤。過燐酸石灰二十斤。木灰六十斤。

日本東京需用量　堆肥一百十斤。草灰八十斤。過燐酸石灰二十斤。

日本東海道需用量　鰊粕十五斤。過燐酸石灰三斤。草灰六十斤。

日本山陰附近需用量　鰮魚乾五十斤。藁三十斤。

日本四國附近需用量　大豆粕三十斤。堆肥六百斤

吉村農學士研究之結果　堆肥六百斤。米糠一百斤。木灰四十斤。

爪哇薯

普通需用量　堆肥一千二百斤。下肥六百斤。大豆粕七十斤。過燐酸石灰二十斤。木灰八十斤。

吉村農學士研究之結果　堆肥一千五百斤。下肥七百斤至一千斤。過燐酸石灰六斤。草灰一百二十斤。

又法　堆肥一千二百斤。下肥六百斤。大豆粕六十斤。木灰七十斤。過燐酸石灰二十斤。

蕪菁

普通需用量　堆肥一千二百斤。大豆粕三十六斤。下肥六百斤。過燐酸石灰二十四斤。

大阪天王寺附近需用量　油粕九十斤。尿一千二百斤。

萊菔

普通需用量　(甲)堆肥九百斤。大豆粕三十六斤。過燐酸石灰十八斤。下肥六百斤。(乙)堆肥一千二百斤。大豆粕四十六斤。過燐酸石灰三十斤。下肥一千二百斤。(丙)堆肥一千五百斤。大豆粕六十斤。過燐酸石灰四十二斤。下肥一千八百斤。

東京需用量　堆肥二千二百斤。下肥二千斤。米糠七十斤。

吉村氏研究需用量　堆肥一千二百斤。下肥二千斤。米糠六十斤。

胡蘿蔔

普通需用量　堆肥一千二百斤。大豆粕六十斤。下肥六百斤。過燐酸石灰三十斤。藁灰一百二十斤。

東京需用量　堆肥一千二百斤。下肥四百二十斤。米糠一百二十斤。藁灰一百八十斤。

玉葱

普通需用量　堆肥一千二百斤。大豆粕八十斤。下肥一千二百斤。

大阪需用量　堆肥一千二百斤。下肥三百斤。鰛魚乾二百斤。木灰八十斤。

吉田氏研究之結果　堆肥一千二百斤。下肥一千六百斤。油粕七十二斤。過燐酸石灰二十四斤。木灰三十斤。

甘藍

普通需用量　（甲）堆肥一千二百斤。大豆粕六十斤。下肥六百斤。（乙）堆肥一千五百斤。大豆粕九十斤。下肥一千二百斤。（丙）堆肥一千八百斤。大豆粕一百二十斤。下肥一千八百斤。

東京千住需用量　下肥四千二百斤。

普通需用量　堆肥一千二百斤。大豆粕六十斤。下肥一千八百斤。

茄子

普通需用量　堆肥一千八百斤。大豆粕一百二十斤。過燐酸石灰三十斤。下肥二千四百斤。

東京下雜司需用量　堆肥四千二百斤。米糠六十斤。下肥九十斤。

吉村氏研究之結果　堆肥一千二百斤。油粕一百八十斤。下肥二千四白斤。木灰三十斤。

普通少數施用量 堆肥一千二百斤、大豆粕一百二十五斤。下肥二千四百斤。過燐酸石灰三十斤。

西瓜

普通需用量 堆肥一千二百斤。大豆粕一百八十斤。下肥六百斤。過燐酸石灰四十八斤。

胡瓜

普通需用量 堆肥一千二百斤。大豆粕六十斤。下肥六百斤。

豆類

普通需用量 堆肥六百斤。木灰八十斤。過燐酸石灰二十四斤。木灰一百斤。

山東菜

普通需用量 堆肥一千二百斤。油粕三十斤。下肥九百斤。過燐酸石灰十八斤。

▲草花上盆法

草花之上盆法。可參酌前節移植之注意行之。普通先選瓦盆。用瓦片塞盆底之穴。培養困難者。下面入粗砂或小塊木炭。（一先浸水中）另備篩過之真土。應用。植後施肥。或用芥土真土注浸下肥。寒季晒乾。貯藏備用更妙。欲其吸水及蒸發力强。用土時少混以砂。是爲祕法。盆中草花之位置。宜注意盆與草花之大小。盆之大小。亦須酌量加減。移植宜於日未出或已入時。事竣毋怠灌水。盆土宜輕輕抑壓。稍活後時施薄肥。

▲花壇式樣

小規模家庭。無巨大庭園。則闢良好花壇。遍栽花木。賞覽大真之風趣。拂曉薄暮。往來其間。紅紫黃白。繽紛爛熳。樂也何如。然欲挹攬勝景。不可不早日酌定式樣。茲述最通行而易佈置之式樣如次。

條紋花壇　係區劃園內爲條紋。依花卉之顏色。莖之高低。配置成之。或一紋同色同高。或同高間色。惟必先考察花卉之性狀。然後可以着手。至配置法以何者爲宜。則各從其嗜好。固無一定之方式。

彩色花壇　普通規劃於方形圜。亦以花色莖高爲順序。由種種顏色。精細排列。成多種美麗式樣。玆舉二例如下。

夏季花壇　當此炎熱如炙之時。放花以慰我眼簾者。惟松葉牡丹花蘘草。過午四時。則白粉花月見草亦漸漸解蕾。晨則朝顏初放。諸色俱備。苟就以上種種花色。編列爲有規則之夏季花壇。作種種式樣。則身歷其境。慰藉殊多。

絨毯花壇　先將花壇全部。就各人嗜好區劃爲各種幾何形式。選矮性灌木或短莖花草種入之。其枝葉花色形態。極有風致。宛如土耳其絨氈模樣。具種種色彩。如與圖樣相違。或成長過分。應將無用之枝葉摘去。希其於缺陷之處。勉力生長。

作羢氈花壇於六月中旬。先將土地掘起。放置十餘日。播平表面之土。劃簡便之模型於其上卽可。若欲作圓形。可於花壇中央確立木棒。結繩於棒之一點。畫圓時。牽繩旋轉。其形卽容易正確。其他圓形。均須立一定木。以爲標準。條線之跡。則用石灰撒布。然後依莖之高低。植入線之周圍。作業用鏝。較爲便利而安全。又各植物之旁。宜壓抑其土壤。使之堅實。然後灌以適宜之水。

新趣向花壇　前述羢氈花壇夏季花壇。爲現今歐美所盛行。無論何時。植以矮性植物卽成。但研究者甚少。其設備與種植。往往多費勞力與金錢。歐美各大公園。有鑒於此。對於羢氈花壇。技術上大加改良。創爲新趣向之花壇。考從來羢氈花壇所植之矮性植物。僅以形狀色彩爲配合。不以莖高爲標準。所謂新趣向者。則以絲蘭等。由各人嗜好。詳細排列。更變舊時矮性植物之位置。依種種莖高之順序。配置於花壇之中央部或最後部。(依次提高數寸或數尺)

可使全部景色。一覽無餘。

▲花壇設備

開花期較長之植物。應特別留意其澆水是否適宜。施肥是否合度。土地是否深耕。雜草是否除盡等。

花壇附近。有阻滯水分之處。則土地之温度低。土壤之空隙塞，並有妨空氣之流通，肥料之分解。爲害殊甚。此種水分。應設法排去之。

壇中宜深耕。因土壤鬆軟。則花卉之根。容易生長，晴天乾燥時。當繼續與以水分。以補下層毛細管吸引力之不足。並救植物乾枯之患。雨天積水容易者。必設法排水。或使流至下層。以免多濕之害。

花壇所用土質。以輕鬆肥土爲最適當。須於乾燥後。置第二層土上。

花壇用土。不可過重。亦不可過輕。輕土混合重土並用。

栽植於同花壇中之花卉。種類雖異，不能於同時施入異種肥料。最好時時補入馬糞堆肥等。充共同肥料。但須腐熟後用之。新鮮肥料。斷不可直接鋪入。降雨多時。許多植物之葉。特然繁茂。有害開花。須將土增高。

右述之花壇設備。如排水選地等種種方法。苟能注意周到。趣味無窮。

▲花壇栽植

先考察本地之氣候。庭園之位置。然後定如何栽植。研究其開花狀態性質等。除冬季寒氣甚烈時外。均可栽植。惟大體則在五六月之間。草花之栽植。更以雨天爲佳。逐漸成長。至晴天堅固其土地。是須注意。又晴天必灌多量之水。免其枯萎。

盆栽之花草。欲移植於花壇。水分少則較爲困難。應於出盆前充分灌水。約一晝夜。俟完全濕透後方着手。移植後晴天不可任其乾燥。時時灌水。使無缺乏水分之苦。枯葉萎花。時常摘去。則花壇常淸潔矣。

▲花卉莖高之順序及花色之配列

花壇所植草花。宜各依其位置而加減。花卉之高低。如爲供一方觀覽者。則最後方植最高之花卉。逐漸向低。或暫時相同。旋即減低。如供四方觀覽者。則壇之中央部。應植莖之最高者。四方漸趨低平。或高低平均相同。其他之配列。或以色合。或以形配。或重莖葉。或重花朵。各依其趣向而定。

花壇花色之配合。以精巧爲要。配合法良者。見之自然心曠神怡。如紫赤之花。與黄白相間。雖極單純。亦若有許多顏色。普通小花壇用二色或三色配列。已足顯充分之美。如以藍色之花。與白色灰白色爲配是。但此種排列。須由各人嗜好。就實際而試驗之。並無機械的標準也。

▲秋季花壇準備

金風拂面之時。庭園中雖有芒荻蓼桔梗野菊秋海棠紫菀千屈菜金線草等。爲之點綴。然嫋嫋枝莖。朝夕飄蕩於風霜之中。淒零狼藉。秋容滿目矣。家園之中。雖有杜仲之紅實。茄子之紫玉。累累貫串。然鶺鴒之聲漸朗。乳燕之跡頓稀。爲補救計。宜早播種子。搆成後期之花壇。以彌前缺。爲裝飾來春之花壇計。應於本月中。速將球根花卉及宿根草花。植入花壇。因此種花卉。須於冬月前種植。使根與土密着。

春花之球根類。植入花壇時。可與宿根草花之越年生者交植。

花壇所栽之球根類。於春花謝後至葉次第黃落時。可將根球掘起。改植夏季花卉。此時置球根於室中泥地。寄植砂土中。使充分成熟。

夏季花卉。至秋漸萎。可除去之。將花壇掃除清潔。鋪入堆肥。改植球根花卉。

秋季準備之花壇。所栽植物。以不行移植者爲佳。可依舊植夏季花卉之痕跡。視種類莖高之順序而直蒔之。

▲箱室

一年生之草花。開花較早或晚秋見蕾者。取入箱室。則無霜毀雪殘之虞。

開花於冬季初春之麝香撫子等鉢植品。取入箱室。加溫保護。則安全無慮。

水仙鬱金香等之球根花卉。植於盆鉢者。移入箱室。則早春即可賞花。
櫻草荷包花等之實生盆栽者。移入箱室。初春亦可放花。
花卉於箱室中行插芽插根。則較安全且開花亦鮮豔。

▲盆景布置法

先選花盆。取樹木與盆配合。根之向四面伸張者。選薄植淺盆。枝葉婆娑者。果實累累者。半懸崖者。全懸崖者。則用高鉢。其趨向與盆鉢大有關係。一盆之價。雖不過數十文。苟得其當。古色古香。羣視爲大骨董矣。

盆既選妥。當進而研究作業。先於盆之底穴。塞碎瓦片。實碎赤土小礫等。深七八分至一寸。乘置盆土。即蒔植物於其中。參酌土壤種類。調合用土。種蒔既終。即行灌水。使土壤濕透。如經久雨。灌水用噴霧器爲佳。不致損及枝根莖葉。厥後注意盆中之位置。通常以中央爲主。務使枝葉與盆相稱。然依自然之姿勢植之。則偏植得當。亦多雅趣。寄植之數。法重奇數。然苟不失美觀。即偶數亦無不可。要作幹與幹之配置得當耳。或如山野樹木之錯雜起伏。播植盆中。亦可。如爲實生木。則必切去其主根。切斷面之上部。須留幾枝副根。分擔責任。橫出之根。可任其自然而起伏。

矯枝之法。先以棕線引縛材木。徐就所思之方向。屈曲其枝。以矯舊時不良之狀態。或捲旋如螺狀。使其形式。漸趨幽雅。經一年以上。至次年發葉或落葉後。即完全固定矣。其時始可除解棕線。雖少有遺痕。不久即復原狀。其餘手術。可參照每月之盆景培養法。仔細從事。其用鉛絲矯正樹勢者。非善法也。

▲盆景用土

研究盆景之栽培。首重土壤。善於此道者。各依植物之種類。精密調合。務得其當。故能得良好結果。茲就各種植物所好之土壤。別爲下列數項。

砂• 有黑白赤三種。白者上品。山產者爲佳。海濱所產。有鹽質。次之。

真土• **黑色者少砂質。宜栽水仙柑橘類。有砂質者。稱砂真土。植芍藥等較宜。**

黑土　色黑。爲普通家宅園地之浮土。

黑板土　較黑土堅實。略帶赤色。難分碎。與泥炭土之乾者相彷，用槌擊碎。篩後使用。

赤土　山旁時有發現。與他土相交。爲植萬年青春蘭之佳土。黏氣少故不稱黏土。

黃土　地下層有黏性之黃色土。碎之鋪於鉢底。

田土　壤質水田土之乾者。交黑土。植櫻草朝顏最良。

腐葉土　由深山木葉。堆積腐爛所成。亦稱忍土。或就近集草木之落葉。埋於土中。半年後亦相同。

肥土　取溝底或畦上之土。於寒季澆以人糞尿，乾後翻動。澆二三回。曝於寒中。使受寒氣及日光。旬後置入荷包中。移於大樹下。至陽春天氣。取出篩過。爲草花盆植土之良者。

●蘭土● 用赤土與藪土（腐蝕土及蚯蚓之糞等）等分混合。篩過。分大中小三等使用。菊萬年青之移植。可用此土。土性因混土加減量而殊。大小亦有關係。

●剛土● 腐葉土赤土真土及下肥等分混合。混以小砂粒。暫堆備用。爲栽培盆景良土。

●培養土● 與蘭土同爲園中出售之土。與前之肥土及和土相似。而較簡單。即用壞土壚土砂土澆液肥二三回。乾後篩用。

●寒土● 一二月最寒之時。掬肥沃之真土塵芥等。篩過。土一升用下肥一升二三合。分二三回澆灌。曝於寒中。積藏。使用於樹本之培養。

●塵積土● 年終庭園大掃除時。集塵芥等。俟腐篩用。可以培養花卉。

園藝曆附錄終

附表一

蔬菜栽培表（播種量收穫量均以一畝地計）

種類	播種時期分量	覆土	發芽日數	移植時期	適宜泥土	畦株間	適用肥施肥期	病蟲害	收穫期量	備考
蒜	秋（球根）	八分—一寸五分	十日—十五日	九十月	粘質壤土	一尺五寸—二尺 七寸—一尺	灰類下肥堆肥		六月—七月 二〇〇—三〇〇石	懸藏室內
薑	春（塊根）	一寸—一寸五分	八日—十五日	四五月	砂鬆土	一尺—二尺 一尺	堆肥下肥魚肥		十月—十一月 三五〇—四五〇斤	忌連植
玉葱	春秋 十二兩	五分—七分	六日—十六日	二三月	砂質壤土	一尺五寸—二尺 五寸—八寸	堆肥下肥燐肥多量用作基肥	葱薊蛾	十一月—翌年一月 一〇〇〇—一七〇〇斤	春時者直接栽於本圃行間拔
韮葱	三月—四月 三勺	三分—五分	五日—十日	整高五六寸	輕鬆壤土	二尺—二尺五寸 四寸—五寸	堆肥下肥魚肥用作基肥或充補肥		秋季	成長時根邊須多壅土
萵苣	三四月—九十月 一勺—二勺	五分—一寸	四日—十二日	整高二三寸	粘質壤土	一尺五寸—二尺 八寸—一尺五寸	秧在苗圃時常常澆薄堆肥人糞尿		無定時	種類甚多肥料畦間均須酌量加減
牛蒡	春秋季 四勺—八勺	一寸—一寸五分	十日—十二日	九月	壤土石灰質壤土	一尺五寸—二尺 一尺—一尺五寸	以廐肥下肥灰類爲基肥鋪入土中	蚜蟲蛺蝶象鼻蟲等	五月 四〇〇—五〇〇本	連作用株移植繁殖
甘藷	三四月—八九月			五月間播苗於本圃	深層砂質壤土	二尺—三尺 一尺—一尺五寸	以堆肥燐肥爲基肥鋪入土中	蠋蛾卷葉蟲等	八月—十一月 二〇〇—五〇〇本	二月以諸塊植苗床
里芋	四五月（種塊）	八分—二寸	八日—十二日	生長適度時移苗	陰濕壤土	二尺—二尺五寸 一尺三寸—一尺 六寸	堆肥木灰米糠六七月數株邊		十月—十一月 二〇〇—三〇〇斤	梅雨前行中耕
百合	九十月—初春（球根）	一寸—一寸五分	十日—十二日	一年餘	高燥壤土	二尺—二尺五寸 六七寸—一尺	預施堆肥油粕入土作基肥	蠐螬	八月—九月 五〇〇〇球	種類極多

防風	二月—七月				有機質壤土	一尺五寸 四五寸	預施堆肥下肥入土作基肥		自秋至春	土地深耕後下種
菊芋	春季			春季	埴質壤土	二尺—三尺 一尺—一尺五寸	預施堆肥廐肥入土作基肥		十一月 二〇〇—三〇〇斤	性能耐寒
甜菜	五月—八九月 五旬—六旬	五分—一寸	七日—十五日	二三寸時	粘質壤土	一尺—二尺五寸 一尺	用堆肥下肥爲基肥追肥	白蝶葉蜂	秋季	寒地可栽
蘆筍	三四月			翌年三四月	深厚壤土	一尺	堆肥油粕木灰用爲基肥中耕時施二回	蚜蟲蟻	十一月—翌年二月 四〇〇—五〇〇本	
甘藍	三四—九十月 一旬	五分—一寸	五日—十二日	生長適度時行移植	砂質壤土	一尺—二尺五寸 一尺—一尺五寸	灰堆肥豆粕下肥骨粉用作基肥追肥	蚜蟲	七月—十二月 一〇〇〇—二〇〇〇斤	種類極多有早中晚性
京菜	八九月 四旬	五分—一寸	五日—七日	生長適度時移植或間拔	濕潮之粘質壤土	一尺八寸—二尺 一尺—一尺五寸	堆肥下肥油粕用作基肥追肥	葉蜂	四月上旬 一〇〇〇—二〇〇〇斤	
蕓菜	十月 四旬	五分—一寸	五日—七日	十一月後	有機質壤土	一尺八寸—二尺 一尺—一尺三寸	堆肥下肥燒肥用作基肥追肥補肥	小灰蝶	四五月	性耐寒氣
蕃椒	三四月 一旬	三分—五分	九日—十四日	五月	粘質壤土	一尺—二尺 五寸—一尺	堆肥木灰人糞		八月—九月 三〇〇—二〇〇〇斤	結實大時建設支柱
茗荷	春四月			五月分株後移植	濕潤之地易生育	二尺五寸—三尺 四寸—五寸	糞土塵芥草肥用作基肥		五月—八月 一八〇〇—二四〇〇斤	春秋可分根
胡瓜	三四月 四旬—五旬	一寸	六日—十日	三四葉時須立支柱	排水佳良之砂質壤土	二尺五寸—四尺 一尺—二尺五寸	糞尿堆肥油粕用作基肥並時澆之	金花蟲	七月—八月 一〇〇〇—二〇〇〇個	七月後一週不時可以採取
苦瓜	四五月 二旬—四旬	七分—一寸	十日—十三日	移植後五六日間拔	壤土	二尺—二尺五寸 一尺—一尺五寸	堆肥木灰燒肥基肥及補肥		七八月 一五〇〇—三〇〇〇個	不必摘蕊

塘藷	甜瓜	西瓜	冬瓜	蘿蔔	蕪菁	南瓜	茄子	番茄	菜豆	豌豆
三四月一旬—二旬	四五月二旬	四五月二旬—三旬	五月上旬四旬	八九月四旬—六旬	八九月二旬左右	三四月四旬—六旬	三四月一旬—四旬	三四月一旬—四旬	四五月(點)二合—四合	晚秋(點)二合—四合
三分—五分	一寸	一寸—一寸五分	五分—一寸	一寸左右	五分—一寸	五分—一寸	五分—一寸	三分—五分	八分—一寸二分	一寸—二寸
十四日—十五日	十日	十日	五日—十四日	五日—十日	六日—十日	五日—十四日	七日—九日	七日—十二日	五日—十二日	七日—十二日
六七月	二三葉時	蒔生(間拔)		蒔生(間拔)	蒔生(間拔)	三四葉時	五月(五六葉時)	四五月(先行假植)	蒔生	蒔生
肥沃壤土	輕鬆壤土	膨軟鬆土	肥沃壤土	肥沃輕鬆壤土	輕鬆壤土	深層壤土	軟壤土	輕鬆壤土	石灰質壤土	軟壤土
一尺六寸—二尺 八寸—一尺二寸	三尺—四尺五寸 一尺—一尺五寸	五尺—八尺 三尺—四尺	六尺—八尺 二尺—四尺	二尺—二尺五寸 一尺—二尺	二尺—三尺 八寸—二尺	五尺—八尺 二尺—四尺	三尺—四尺 一尺五寸—二尺	二尺—三尺 一尺—二尺	二尺—二尺五寸 一尺—一尺五寸	一尺—二尺 八寸—一尺二寸
堆肥下肥魚肥移植時壓施之	堆肥油粕糠用作基肥並時澆之	用堆肥油粕下肥爲基肥補肥	用堆肥糠燐肥爲基肥及追肥	用下肥堆肥灰爲基肥並時灌澆	燐肥下肥堆肥	用堆肥下肥米糠魚肥作基肥補肥	用下肥油粕燐肥爲基肥追肥補肥	預施下肥油粕燐肥入土並時灌澆	堆肥下肥骨粉米糠灰類用作基肥	同右
		種蠅金花蟲	金花蟲	螟蛉蛾蚜蟲	青毛蟲蠊結	金花蟲	切根蟲		毛蟲白小豆蟲	葉蠅及象蟲
冬春可以採收多量	七月中旬一〇〇—一五〇〇個	七八月六〇〇—一二〇〇個	七八月一〇〇—三〇〇〇個	十月中旬三〇〇—四〇〇本	十月中旬三〇〇—四〇〇本	七八月一〇〇—一五〇〇個	漸次收穫二〇〇〇—四〇〇〇〇個	漸次收穫二〇〇〇—四〇〇〇〇個	五月一石—一石三斗	六月中旬一石八斗
秋末整株須被肥土	四五葉時摘去頂芽	不宜連作五葉時去芯	大者重至百斤餘	種類栽培法同	採種用者於十一月移植翌年五六月實熟收用		同地忌五六年連栽	植苗時忌雨	收早莢嫩時可食	忌連栽

豌豆	晚秋（點）五合丨六合	一寸丨一寸五分	十二日丨十四日	蒔生	石灰質粘土	一尺八寸丨二尺 六寸丨一尺	堆肥骨粉石灰用作基肥預施入土	黠蛾及種蠅	五月 一石丨一石三斗	開花前中耕摘芯忌連栽
刀豆	三月 三合丨四合	一寸丨二寸	七日丨十五日	蒔生	埴質壤土	一尺丨二尺五寸 五寸丨一尺	堆肥下肥作為基肥	葛上亭長小豆蟲等	八月丨九月 一石五丨一石八斗	建柱支持
玉蜀黍	四五月 一合丨一合五勺	一寸五分丨二寸	五日丨十二日	四月中旬五月上旬		二尺丨二尺五寸 一尺丨一尺五寸	堆肥及粕類作為基肥	蛄蟖蛾燕蛾	八九月採收	行中耕二三回根旁之芽須除去
朝鮮薊	秋（種苗）			九十月	軟壤土	二尺五寸丨三尺 一尺丨二尺五寸	以堆肥下肥為基肥並時澆之		三四五六月	種子可貯藏六年
石刁柏	三四月 二勺	五分丨一寸	十四日	翌年三月	粘質砂土	二尺丨三尺 一尺丨二尺	用堆肥下肥為補肥		翌年三月丨五月 七〇〇丨一五〇〇斤	用宿根蕃殖
芹	三月 二勺丨三勺	五分丨七分	八日丨十五日	四月長二三寸時	粘質壤土	一尺丨一尺三寸 五寸丨八寸	用堆肥粕類下肥為基肥		秋至春	味辛賽肉類極香
菠薐菜	春秋 四勺丨五勺	五分丨八分	十日丨十五日	普通行間拔不移植	不擇土	二尺丨二尺五寸 五寸丨一尺	下肥魚肥堆肥用為基肥並時澆灌		三月丨五月 三〇〇丨四〇〇斤	秋蒔者避濕地粘土
花椰菜	春秋 三撒丨七撒	五分丨一寸	五日丨十日	五六葉四五寸時	砂質壤土砂土	二丨三尺 一尺五寸丨二尺	下肥骨粉堆肥糠肥俱於移植時澆灌		三月丨十月 一〇〇丨二〇〇個	忌輪栽
甘露子	三月（根球）		四五日		埴質壤土	一尺五寸丨二尺 七寸丨一尺	用堆肥人糞為元肥		八月下旬 二石丨三石	
土當歸	一合五勺丨二合		十四五日	三月	輕鬆壤土	二尺五寸丨三尺 一尺丨一尺五寸	用堆肥糠人糞為基肥		一月丨四月 二〇〇丨三〇〇斤	
馬鈴薯	三四月丨八九月			三月下旬	輕鬆壤土	二尺丨二尺五寸 七寸丨一尺二寸	用堆肥油粕燐肥為基肥	二十八點瓢蟲葛上亭長	七月丨十一月 二〇〇丨三〇〇斤	八月植者十一月收
婆羅門參	三四月 二十四兩	五分丨一寸	三日丨六日	普通行間拔不移植		一尺丨一尺五寸 五寸	用堆肥下肥豆粕為基肥		十月後 五〇〇丨七〇〇本	收穫後貯於深圃

蕪菁甘藍	三月－九月一勺	五分－一寸	五日－十二日	生長合度時移植二三回	砂質壤土	一尺五寸－二尺八寸－一尺	用堆肥木灰豆粕骨粉下肥爲基肥追肥		十月－五月	三〇〇〇－三五〇〇個	

二　果樹栽培表

名稱	播種移植期	接木插接期	壓條分期	修剪期	畦株間	適地	施肥適肥期	蟲病害	果熟期	備考
梅	四月上旬十一月至翌年三月	春三四月		七八月	十二方尺－十八方尺	細砂質粘土	下肥堆肥燐肥十二月至翌年二月	蛅蛾貝殼蟲吸蟲	六月	實生或用李桃切接
桃	三月十一月至翌年三月	八月中行接芽三四月	十一月	八九月	八至十八方尺	石灰質壤土	下肥堆肥燐肥十二月－翌年三月九月中	蛅蟖果蠹象鼻蟲縮葉黑腐等	七八九月	暖地可用巴旦杏杏李接之
無花果	三四月	四六月春季發芽前	春秋濕期	冬十一月至翌年三月	五至八方尺	溫帶肥沃濕土	下肥魚肥一月中最佳	木蠹介殼蟲	九十月	壓條成績殊佳
李	（同桃）	二月中至八月中旬行芽接三月下旬		十二月至翌年二月中	八至十二方尺	石灰輕壤土	人尿魚肥油粕十二月－翌年二月九月	芽蟲貝殼蟲等葉瘤病煤症等	六七月	暖地可用杏桃之實生木接之
杏	（同桃）	三四月至八月中旬行芽接三月下旬	五六月	十二月至翌年二月中	十至二十方尺	溫暖輕鬆土	人糞油粕魚肥十一月－翌年二月	果蠹象鼻蟲	六七月	宜植於無蟲害處接砧用李梅
櫻桃	七月二三月	八月中行芽接二三月	五十十一月	十一月至翌年三月	十至十八方尺	砂質或細礫壤土	堆肥人尿油粕發芽前落葉後	蛅蟖避債蟲貝殼蟲	六七月	寒暖地實生木互接
蘋果	三月上旬十一月至翌年三月	八月中旬行芽接三月下旬		七八月	五方尺	砂質壤土	堆肥骨粉木灰發芽前落葉後	綿蟲貝殼蟲天牛腐病黴病等	七八月	寒暖地均可栽用木瓜林檎實生木接之
林檎	三月十二月至翌年二月	三四月至八月中旬行芽接二月下旬		九月	五至六方尺	石灰質土	堆肥燐肥發芽前落葉後	天牛介殼蟲銹病	六七月	實生或接佳種

梨	十一月 十一月至翌年二月	八月中行芽接 三月下旬		八九月	八至十二方尺	排水容易深層埴土	堆肥米糠下肥魚肥 十二月—翌年二月	梨果蟲赤星病黑星病等	九十十一月	宜栽於寒地實生或接於山梨砧梓
榅桲	十一月至翌年三月	春 三月及六月	三四月	十一月至翌年三月	八方尺	粘質壤土	堆肥鳥糞下肥魚肥 落葉後發芽前	(同右)	九十月	生長時乾燥則結果佳良
櫻桃	十一月至翌年三月	三月下旬最佳 二三月		(同右)	八方尺	沃肥壤土	堆肥下肥 落葉後發芽前		六七月	
柘榴	十月 三四月	三月底切接 三四月	四五月 三四九月均可	十二月至翌年二月	六至八方尺	硬質壤土	人糞塵芥 十二月至翌年三月	尺蠖天牛	八九月	寒地結果不良性易蕃殖
蘋	二三月 十一月至翌年三月	三月初旬至中旬 三六月	四五月	(同右)		少帶濕潤之肥沃土	堆肥馬糞 十二月至翌年二月		七八月	堅條插而易活
楊梅	九月 十一月至翌年三月	三月至四月中旬 三六月		(同右)		輕鬆埴質壤土	堆肥馬糞 落葉後發芽前		七月	暖地均可栽培
枇杷	六七月 三四月	春季切接 梅雨期中		九十月	十至十五方尺	深層砂質壤土	堆肥魚肥下肥 十一月—翌年二月	天牛叩頭蟲等	六七月	宜接於暖地砧用野生枇杷
柿	三月 十一月至翌年三月	二三月切接 三月至六月		(同右)	六方尺	雜砂埴土	堆肥人糞燐肥 落葉後發芽前	結蟖金龜子貝殼蟲	九十十一月	接不擇地砧用實生柿
胡桃	春	春			二十至三十方尺	北溫帶砂質土			八九月	實生木接以優良種枝
栗	二三月 不宜	四月		冬季	十二至二十二方尺	溫帶砂質土		螟蛉結蟖	九十月	實生或接於柴栗
蜜柑	三月秋播 十一月至翌年三月	春 五六月		九十月(四月中去冗枝)	十至十六方尺	砂質壤土	魚肥豆粕廄肥 九十及二三四五月	貝殼蟲烏蠋等霉病瘡痂	十十一月	暖地可接砧用枳殼他種柑類同
柚	九月採子播之 六月	九月中旬最佳 三月及六月		十一月至翌年三月	十至二十方尺	壤土或礫土均可	堆肥馬糞 發芽前落葉後	(同右)	十十一月	植寒地須避霜害

巴旦杏	十一月至翌年三月	二月至三月　二三月間		十一月至翌年三月	八至十六方尺	（同右）	（同右）		六七月	實生砧嫁接
須具利		秋		冬季	五至八方尺	北溫帶寒冷地	堆肥下肥　冬季		秋	易生實果忌日光
葡萄	二三月	春季切接　秋季至二三月	春秋（三四月—八月）	十一月至翌年三月	三丈　二丈	砂質壤土	人尿油粕木灰　一月中最佳	天牛及粘蟲　鳥蠅白點病　果病	八月	砧木用野生葡萄
樹莓	春季			冬季		壤質粘土　溫帶肥沃土	廄肥硝石			實生分枝走蔓均可蕃殖

三　花卉栽培表

名稱	別名	性質	播種期	分根移植期	花期	莖高	花色	花形花徑	備考
菊	星見草	多年	春	四五月　十月	十月	一尺—三四尺	各種	多種　五分—四五寸	
香芹		多年（溫室）	春秋	春秋	二三月	五六寸	白紫	六七分	有香味
水仙		多年（球根）		一月—九十月	二三月	七八寸	白黃	一寸左右	
鈴蘭	君影草　馬耳蘭	多年		春秋	三四月	七八寸	白	鈴形　四五分	用主根種不變
睡蓮		多年（水生）	春秋	春秋	八九月	一尺左右	紅紫各色	三四寸	
石竹	荷蘭撫子	多年	春秋	春	五六月	一尺左右	紅白相絞各色	一寸左右	

錢葵		多年	春秋	春秋	夏秋之交	一尺左右	(同右)	一寸左右	
檜扇	射干	多年	春秋	春秋	八九月	二尺左右	黃赤色	一二寸	
晝顏	鼓子花	多年	春	春秋	六七八月	二尺—四尺	白淡紅	二三寸	
芍藥		多年	春	春秋	五六月	二尺—四尺	白紅黃等	三四寸	
茼蒿		二年	秋		五六月	一尺—二尺	黃白	菊形八九分	
春蘭	歐以蘭	多年		一二三月	三四月	五寸—六七寸	紅白絞	奇形八九分	
紫蘭	白芨 朱蘭	多年		春秋	四五月	一尺左右	紅紫	奇形七八分	陰溼地栽植最宜蕃殖容易
紫苑		多年		三月—十一月	八九月	二尺—六七尺	淡紫	一寸左右	與女郎花相彷
桔梗	昔之朝顏	多年	春秋	春秋	九十月	一尺—二尺五寸	紫白絞花	一寸—二寸五分	
櫻蓼	花蓼 繭草 [illegible]	多年		春秋	九十月	一尺左右	紫白	八九分	蓼類中花最多
華鬘	荷包牡丹 鯵牡丹	多年		花後秋	四五月	一尺五六寸	紅白	奇形七八分	植於陰溼地三年分株一次

鷄冠		一年	春	二三寸時	七八九月	一尺—二尺八五寸	紅白黄	穗狀 一二寸	
翠菊	熊本菊	一年	春	二三寸時	七八月	一尺七八寸	紫白紅	一寸五六分	種類極多矮生爲上
雛菊	長命菊 延命菊	多年	三四月	春秋	四五月	三四寸	白紅	六七分	有大輪小輪花之別
花薊		多年	春	春秋	四五月	二尺—三尺	紅白紫	八九分	
亞麻		二年	春秋	二三寸時	春播七月 秋播四月	一尺—一尺七寸	紫	五六分	
蘭蓀	紫羅欄	多年	三四月	春秋	六月	三尺左右	紫白	三四寸	
鷺草		多年（球根）		春秋	七八月	六寸—一尺	純白	奇形 八九分	
鷺苔		多年		春秋	四五月	四寸—七八寸	白紫紅	五六分	
玉簪	鼠麴草	多年	秋	春秋	七八月	二尺內外	紫	唇形 三四分	
狸豆		一年	春		八九月	一尺左右	紫	蝶形 三四分	
鐘草		多年	春秋	春秋	八九月	二尺左右	紫白	風鈴形 六七分	花垂下頗富風趣

沙參	鐘人參	多年		春秋	八九十月	一尺—二尺	紫	鐘形 五分	
槖吾	唾蕗	多年（常綠）		春夏秋	九十月	一尺左右	黃	菊形 一寸餘	
夏菊		多年	春	春秋	六七月	二尺內外	赤白	二寸左右	
茴香		多年	三四月	三月	八月	一尺五寸	白	穗狀	
青葙	野雞豆	一年	三四月	二三寸時	七八月	二尺左右	赤褐	穗狀 一二寸	
野菊		多年		春秋	七月十月	二尺—三尺	淡紫	菊形 一寸	
萱草	內裏葉金萱	多年		三月十月	五六月	一二尺	黃紅	二寸餘	夕開朝閉
黃蓮	三葉黃蓮 芹葉黃蓮	多年	秋	春秋	二三月	七八寸	白	五六分	貴重藥草
葒草		一年	春	二三寸時	八九月	四尺—八尺	淡紅	穗狀 二三寸	
秋葵	黃蜀葵	多年	春	春秋	八九月	二三尺	黃	一寸五六分	
烏頭		宿根		春秋	春秋	一二尺	紫	帽形 七八分	根有毒

貝母		多年（球根）		春秋	三四月	一尺左右	白紅	一寸左右	
鳶尾	一八逸初	多年	秋	晚秋初春	五月	一尺—二尺	紫	二寸—四寸	
錨草	淫羊藿碇草	多年		晚秋初春	三四月	七八寸—一尺五寸	白緋	碇形五分—一寸	
草櫻		二年	秋	二三寸時	四五月	七八寸	淡紅	五瓣六七分	
寒菊		多年	春	春秋	十二月	二尺左右	紅黃白	一寸左右	
俵麥	小草	二年	九月	二三寸時	五月	七寸—一尺	黃	穗狀五六分	
曇華	檀特	多年	春	春秋	七八月	三四尺	紅黃絞	奇形一寸餘	
蜀葵	五月葵	多年	春秋	春秋	六七月	三尺—五尺	紅白	二寸—四寸	
段菊	亂菊	二年	三四月	五月九月	七八月	二尺左右	紫	花叢七八分	
絲桔梗		多年	春秋	三四月	七月中九月下	一尺—二尺	紫	五六分	播種繁殖容易
花酢漿		多年		春秋	十月—十一月	四五寸	紅黃	五尖六七分	

野豌豆	濱豌豆	二年	秋		四五月	一尺—二尺	紫紅色	蝶形七八分	
地花菜	白山女郎花	多年		春秋	七八月	五寸—一尺	黃	繖形三四分	
花罌子		二年	秋季	春秋	五六月	二三尺	紅白	三四寸	
鳳仙花		一年	春	二三寸時	夏秋	一尺—二尺	白赤	單瓣千瓣五分—一寸	
胡枝子	荻	多年	六月插木	三月—十一月	九十月	四尺—八尺	紅白相紋		
花菖蒲	玉蟬花	宿根	三月下種於濕地	三四月	五六月	三尺左右	紫白等	蝶形四五分	
一船旗	葉蘭	常綠		春秋	五六月	一二尺	紫黝色	奇形四五分	
雁來紅	十樣錦老少年	一年	春	二三寸時	花九月葉十月	三尺—五尺	葉紅黃	花似粟粒	
庭石菖	姬菖蒲	多年	春秋	春秋	夏春	四寸—八寸	淡紫濃紫	星形五六分	
日日草	日日有花	一年	春	二三寸時	夏	一二尺	紅白	一寸內外	
布袋草	水手蘭	一年	春季濕地	一二寸	八九月	五寸—八寸	淡紫水色	七八分	花不耐寒

杜鵑草		宿根		春秋	九十月	八寸—一尺五寸	白色紫點	奇形八九分	花帶圓形抱莖開
時計草	玉蕊花	多年	三月九月	三—九月	四五月	三尺—七尺	赤（蕊白）	二寸左右	不耐寒植於溫室年中花
虎尾草	春虎尾 秋虎尾	多年	秋	春秋	七八月	一尺—二尺五寸	紫白	五尖三四分	
千鳥草	飛燕草	二年宿根	秋	二三寸時	四五月	二三尺	白紫桃	奇形一寸左右	如燕之飛
茶碗蓮	盆景蓮	多年	十月	三四月	七八月	一尺左右	紅白	一寸左右	
縷紅草	縷紅朝顏	一年（蔓根）	春	二三寸時	七八月	二尺左右	紅	星形八九分	葉艷與花相映益妙
女郎花	敗醬	多年	春	春秋	八九月	三尺左右	黃	繖形小花	
弟切草	蚊口草 小連翹	一年	三月	二三寸時	七八月	一尺—二尺	黃	五瓣六七分	形態可憐
白粉草	紫茉莉 夜繁花	一年（溫帶）	三四月	二三寸時	七月—八九月	二尺左右	白黃紅相絞	一寸左右	種子黑色充滿白粉
含羞草		一年	三四月	二三寸時	八九月	一尺—二尺	淡紅	奇形五六分	花小球形葉一觸即垂下
旋覆花	小車	一年	春	二三寸時	七八月	一尺—二尺	黃	菊形八九分	

勿忘草		多年	春秋	春秋	四五月	五寸—一尺	淡白紫	穗狀一二寸	有一季花四季花栽培容易
燕子花	杜若	多年	春(溫地)	春秋	五六月	二尺—三尺	紫白	三四寸	
貝細工	貝殼	一年越年	三月九月	二三寸時	春夏秋	一尺—二尺五寸	白紅黃	五六分—一寸	
剪夏羅		多年	春秋	四月九月	六月九月	八寸—一尺五寸	白赤	一重一寸左右	
除蟲菊	蚤菊	多年	春秋	春秋	四五月	一尺五六寸	紅白	白一寸紅二寸	花乾後粘粉除蟲用
月見草		一年	春秋	春秋	六七月	二尺—三尺	白黃	二寸	
蔓龍膽		多年	春	春秋	九月	一尺左右	黃	七八分	
野鳳仙	釣舟草	一年	春		八九月	二尺左右	紅黃	奇形一寸	
黃蜀葵		二年	四月	春秋	九月	三尺—四尺	黃	三寸餘	
野春菊	五月菊	多年		春秋	四五月	二尺左右	淡紫	一寸餘	
耬斗采	繰絲草	多年	春秋	春秋	三四月	一尺—二尺	白黃紫	奇形一寸餘	

花魁草	草夾竹桃	多年		春秋	七八月	三尺左右	白紅紫	小花七八分	
白屈菜	狐尻	多年	春秋	春秋	五六月	一尺五寸—二尺五寸	黃	七八分	
熊谷草	武士蘭	多年		春秋	五六月	一尺左右	紅	奇形一寸餘	
夜會草	白玉蘭	一年	三四月	二三寸時	七八月	五六尺	白	二寸—四寸	
矢車菊		二年	秋	二三寸時	四月七月	一尺五寸—二尺五寸	紅紫白	一寸二三分	
山百合	鬼百合	多年	秋	春秋	七八月	二尺—三尺	白色紅點	三四寸	
松葉菊		多年		春秋	五六月	一尺左右	紅白	一寸左右	
萬壽菊	天神花	一年	春	二三寸時	七八月	二尺—三尺	黃紅絞	一寸七八分	花期永久葉臭
風船草	提燈草 風船葛	一年(蔓生)	春	二三寸時	七八九月	一尺—二尺	白	花二三分 實八九分	
筆膽龍		多年		春秋	三四月	二三寸	紫	三四分	
福壽草	側金盞花	多年		十一月十二月	二三月	三寸—八寸	黃紅	八九分	

紅蜀葵		多年	春	春秋	八九月	三尺—六尺	紅	四寸左右	
小町草	捕蟲撫子	一年	春	二三寸時	六七月	一尺五寸—二尺五寸	紅、淡	五六分	
紅花菜		二年	春	二三寸時	四五六月	一尺—二尺	紅赤	六七分	
猿猴草		多年		春秋	四五月	五寸—一尺	黃	六七分	用側芽插
天人菊		一年	春	二三寸時	六七月	一尺—一尺五寸	黃赤相絞	一寸左右	
鐵線蓮	風車	多年（蔓生）		春秋	四五月	二尺—七八尺	淡紫	三寸左右	插芽壓條均可蕃殖
牽牛花	夕顏	一年（蔓生）	四五月	三寸時	七八月	一尺—三四尺	白紅各色	喇叭形三四寸	
三七草		多年		間右	九十月	三尺—二尺五寸	濃黃	六七分	葉汁爲殺蟲藥
笹龍膽	龍膽	多年		春秋	九十月	一尺左右	白紫	八九分	
蕃紅花		多年（球根）		秋	三四月	四五寸	黃赤	一寸左右	
金盞花		二年	春秋	春秋	五六月—九十月	一尺—一尺二三寸	濃黃	一寸左右	九月種二月花十月種四月花

金蓮花	紫蘿	二年	春秋	三四寸時	春秋	一尺—四五尺	黃赤	一寸四五分	
梅撫子	桔梗撫子	多年	春秋	二三寸時	春夏之交	一尺—二尺	淡紅	五瓣六七分	
金魚草	柳穿魚龍口	二年	春秋	同右	春秋	六寸—一尺五寸	白赤	奇形七八寸	花開如金魚之口花後上部刈去可賣花
玉簪花	紫蘿	多年	秋	三月—十一月	六七月	一尺—二尺五寸	白紫	一寸左右	
金鷄草		一年	春	二三寸時	七八九月	一尺—二尺餘	黃（心紫黑）	一寸—一寸五分	
三色堇	遊蝶花	多年	秋	春秋	四五月	五寸—一尺餘	白黃紫紋	一寸左右	
雪割草	樟耳細辛三角草	多年		春秋	三四月	五寸—七寸	白紅	六七分	
虎耳草	雪之下	多年		春秋	四五月	三寸—七八寸	白有紅條	奇形五六分	
秋海棠	想思草	多年		春秋	八九月	一尺左右	淡紅	奇形七八分	好陰濕地
秋牡丹	貴船菊	多年		同右	九十月	一尺—二尺餘	赤白紅	茸形一寸餘	
猩猩袴		多年		春秋	三四月	五寸—七八寸	淡紫	一寸左右	

蝴蝶花	山菖蒲	多年		春秋	四五月	一尺左右	白有黃斑	一寸餘	
向日葵	日車	春		三四寸時	七八月	四尺—七八尺	黃	三四寸	夏日不忌强烈光線栽培容易
百日草		一年	春	同右	七八九月	一尺—二尺五寸	紅白黃等	二三寸	
虞美人	麗春花 美人草	二年	春秋	不宜移植	五六月	七寸—一尺餘	紅赤	三寸左右	幼小時尚可移植最後植於定土行間拔
美女櫻	花笠草	多年	春秋	年內	秋至春	一尺左右	白紅變	叢花五六分	勢向橫擴宜時摘去插木
千日紅	千日草	一年	春秋	二三寸時	八九月	一尺—一尺五寸	紅白	球形六七分	花期久
剪春羅	栝木菊	多年	春	春秋	六七月	一尺左右	紅	一寸餘	分根
仙臺荻	決明	二年	春秋	九月	四五月	二尺左右	黃	蝶形六七分	
水仙翁		二年	秋	春秋	四五月	一尺七八寸	白紅	八九分	生長遲鈍有至三年後始開花者
睡蝶花	美洲白蘚 水蝶花	一年	春	四五葉時	七八月	三四尺	淡紅	奇形八九分	蕊特出甚奇
花菱草		二年	秋	不宜移植	四五月	七八寸	黃白紅	一寸內外	幼小時可細心移植

半枝蓮		二年	秋床蒔		四五月	五寸—八寸	紫白	蛾形三四分	
王不留行	道灌草	二年	三四月	二三寸時	五六月	二尺左右	白	奇形五六分	
鹿子百合		多年		春	七八月	一尺三寸—三尺	白紅絞	二寸—四寸	
達摩射干	姬檜扇	多年	春秋	春秋	七八月	一尺左右	黃赤	二寸左右	
爲朝百合		多年		春秋	七八月	二尺左右	白	三寸左右	
河原撫子	太和撫子 常夏	多年	春秋	春秋	六七八月	一尺—一尺五寸	淡紅	五瓣一寸餘	
泊芙蘭		多年（球根）		秋植	三四月	七八寸	白紫	一寸左右	
曼陀羅花	風茄 朝鮮朝顏	一年	春	三四寸時	七八月	二三尺	碧白	二三寸	花美有毒汁
松葉牡丹	日照草	一年	春	一二寸時	七八九月	七寸—一尺	紅赤白黃	七八分	好向日乾燥地插木易活
蒲藥錦	冉里西花	多年（球根）	秋	秋	四五月	六尺—一尺	黃赤	一寸餘	
九十九草	秋櫻	一年	春	三四寸時	八九十月	二尺—七八尺	紅白桃黃	一寸五六分	黃色者花期遲採芽者矮生

西洋葉雞頭		一年	春秋	一二寸時	年中葉美時	五寸—一尺二寸	紅褐黃	小形	
庭落金錢	午時花	二年	九十月	三月十一月	七八月	二尺左右	紅	一寸五六分	正十二時開花朝閉
天竺牡丹	大麗菊 浦島草	多年	春	春	六月九月	三尺—五尺	紅赤白黃相絞	二寸—三寸	
鐵砲百合		多年		春秋	六七月	二尺—二尺七八寸	白紅暈	三四寸	
天蓋百合		多年		春秋	同右	二尺—四尺五寸	赤有黑點	三四寸	
秋麒麟草	一枝黃花	多年		春秋	九十月	二尺—三尺	黃	八九分	
秋牡丹		多年(球根)		三月十月	四五月—七八月	一尺二三寸	紅白絞	一寸左右	
紫羅蘭花		二年	秋	十一月	三四月	一尺左右	白紅桃	四五分	
四季撫子	洛陽花	多年	春秋	春秋	四月九月	一尺—一尺四五寸	紅紫	一寸左右	
美女撫子	鬚撫子	多年	春秋	春秋	四五月	八寸—一尺三寸	紅白絞	六七分	
紅藍花		二年	早秋	秋	四月	一尺—二尺五		五六分	

洋秋海棠		多年	春秋	二三寸時	四五月(溫室)	五寸—一尺二寸	紅白等	奇形六七分	
筑明根草		一年	三月九月 千瓣播芽	二三寸時	六月上旬 九月上旬	一尺七八寸—二尺二三寸	白紫紅絞	漏斗形一寸餘	有小種大種之別花經雨易腐種子難存
狐手套		二年	春秋		五六月	三尺—四尺	白紫紅黃	唇形七八分	
鬱金香		多年(球根)		十月—二月	四五月	一尺—二尺	紅白黃絞	二寸—三寸	
小向日葵	蝡日迴	一年	春	二三寸時	六月八月	二三尺	黃	一寸三四分	
洋釣鐘草		一年 多年	春秋	春秋	六月	一尺—一尺五寸	紫	鐘形七八分	
麝香撫子		多年	同右	同右	五六月	一尺左右	紅白絞	一寸左右	
美人焦	紅焦	多年	春	春	五月九月	二尺—五尺	紅黃絞	奇形二寸餘	
蒲公英		多年	春	春秋	三四月	七八寸	白黃	一寸左右	
麝香豌豆	麝香連里草	一年(蔓生)	秋	不必移植	五六月	一尺—二尺五寸	白紅	蝶形八九分	
望江南		一年	春	春	八九月	一尺	黃	四五分	[illegible]可消蛇毒

園藝曆附表終